JN141528

ESSENTIAL

世界基準で学べる

DIGITAL

エッセンシャル・デジタルマーケティング

MARKETING

遠藤 結万

ESSENTIAL

DIGITAL

技術評論社

MARKETING

まえがき

本を書く人なら誰しも、自分が知っている全員の人に本を読んでほしいと思うものです。

しかし、現実に本を売るとなると、当然のことながらターゲティング、つまり、顧客を明確にすることが必要になります。

本書は、マーケティング担当の方、広告代理店の方、これからマーケターを目指す学生のために書かれていますが、とりわけ、中小企業や大企業、スタートアップの「経営層」の方々に読んでいただきたい本です。

デジタル戦略は、既に「やってもいい」という添え物の戦略ではなく、企業の基幹戦略の一つになりつつあります。しかしながら、その基幹戦略を充分に理解している人材が少ないのも現状です。

あえて申し上げるなら、このような現状はやむを得ないのかもしれません。

デジタル・マーケティングは複雑怪奇です。SEOにリスティング、ディスプレイにSNS、コンテンツマーケティング、ネイティブ広告、DSPにSSPにDBMにO2O。覚えるだけでも精一杯でしょう。

本屋に行っても、「Google Analytics 入門」「SEO ハンドブック」「リスティング広告の初歩」等々、無限にあり、現実的に全部読んでいる時間はありません。

本書は、そのような現状を踏まえた上で「基幹戦略を自分で建てられる」ことを目標に、企業の意思決定に関わるトップレベルの方々が網羅的にデジタル・マーケティングの知識を学んでいただくための書籍です。

主な対象として、事業立ち上げや起業など、自ら新たなデジタル・マーケティングを始めようとされている方を想定し、下記3つの特徴があります。

❶戦略レベルから考える

本書は、「SEOのテクニック」や「Google広告の運用法」といった書籍とは一線を画し、様々なデジタル施策の中から「そもそもどのような施策を取るべきか？」「施策の優先順位はどのように付けるべきか？」ということを考えていただくための書籍です。

日本には、CMO（マーケティング責任者）や、CDO（デジタル責任者）が少ないと言われます。包括的な知識を持った人材の育成は急務でしょう。

❷可能な限り数字で示す

「○○の施策をやりましょう」とクライアントに提案したとき、「それでどれくらい伸びるの？　儲かるの？」と聞かれた経験が皆さんにもあるのではないでしょうか。

「どの施策が推奨されるのか」という記述だけでは、実際に物事を動かすには充分ではありません。○○が実際にどの程度のインパクトをもたらすかを知っていただくため、可能な限り数字で示すようにしています。

❸原典にあたる

　デジタル・マーケティングの世界では、日本語の情報よりも英語の情報のほうが充実しています。それらをキャッチアップしていただくことが本書の狙いです。世界で実践されている、デジタル・マーケティングの最先端事例をわかりやすく解説します。

　私はこれまで様々な形で、企業のマーケティングに関わってきました。Googleの中小企業担当のコンサルタントとして数百社以上の広告に携わる一方、大手企業、ベンチャー企業など、様々な企業の人材育成と戦略立案に関わってきました。

　そこで気がついたことがあります。「機能しないマーケティング組織は、機能しない起業そのものだ」ということ。

　経営者は数字だけを要求し、現場は数字をなんとか「お化粧」し、広告代理店の資料だけはますます分厚くなり、過重労働で苦しんでいく。

　だからこそ、私は「このような現状を変えたい」という思いがあります。

　状況を変えるには、まず、経営者を含め、トップにいらっしゃる方々が、デジタルに関する理解を深めるしかないのです。

「とにかく、売上（インストール／PV／会員登録）が伸びればいいんだよね！」
「売上が伸びればなんでもいいからさ」
　トップがこういう認識であれば、企業のマーケティングが上手くいくことはありません。

このようなマインドの企業の場合、PDCAではなく「PD」になっているケースがほとんです。つまり、C（チェック）がないまま、P（計画）とD（実行）を無限に繰り返している状態です。

デジタル・マーケティングにおいて、「ほう（報）、れん（連）、そう（相）」だけでは上手く行きません。自ら知ろうとしない限り、そして理解しようとしない限り、本当に必要な情報は上がってこないのです。

もちろん、本書は現場のマーケティング担当者にも有益であるように書きましたし、マーケターではない皆さんにとっても有益であると考えています。

人事、営業、エンジニア、あらゆる職種にとって、デジタル戦略やマーケティングに対する理解は必要不可欠だからです。

本書は「デジタル・マーケティング」という領域を対象にしていますが、現代のマーケティングでデジタルと絡まない分野はほぼありません。

本書は専門書や技術書ではありません。

「そんな細かいことをいちいち勉強する暇はない」というお忙しい方や、「デジタル・マーケティングを勉強したい」という意欲的な方へ向けたビジネス書として、本書が多くの方々の“これからの仕事”に役立つことを期待しています。

2018年8月吉日

遠藤結万

CONTENTS

CONTENTS

part 3 広告なんて、誰も見ていない？
—— デジタル時代の「RAM-CE」フレームワーク

CONTENTS

part 5 つながり続ける時代に
――ソーシャルメディアとモバイル革命

part

1

プレ・マーケティングって何？

——マーケティングからはじめよう

1-1

デジタルの時代
── デジタル・マーケティングは、何を変えたのか？

デジタル・マーケティングが旧来のマーケティングと違うことは、皆さんよくご承知だと思います。ここでは、いったい何が変わり、何が変わっていないのかについて考えます。ポイントは、「相互の影響力」「パーソナライゼーション」、そして「スピード」です。

デジタル・マーケティングって、何？

この本を手に取られた方は、マーケティングの重要性を充分に理解されていると思います。

本書では**「エグゼキューション（execution：実行）以外の全てのプロセス」をマーケティング**と定義し、**「インターネットを通じて顧客／潜在顧客と関わるあらゆる手段」をデジタル・マーケティング**と定義しています。

自社のWebサイトやSNSのアカウントを持っていれば、その時点でマーケティングが必要になります。現に、多くの企業がTwitterやLINEのアカウントを持って、運用しています。
また、Webサイトを持たない小さなレストランでも、レビューサイトには掲載されているかもしれません。

つまり、これからの時代、ほとんどの**企業にとって「デジタル・マーケティングは必須」ということ**です。

では、デジタル・マーケティングはかつてのマーケティングに比べて、あるいは現代はかつての時代に比べて、何が変わり、何を変えようとしているのでしょうか。

その疑問について考えるために、いくつかの具体的な事例を見ていきましょう。

デジタル・マーケティングの特徴❶——相互の影響力

東京都北区にある「中村印刷所」という小さな印刷所をご存じでしょうか？　この印刷所が日本で注目されるきっかけになったのが、Twitterでした。

2016年、中村社長は数千冊のノートの在庫に頭を抱えていました。

のちにヒット商品となる「方眼ノート」です[1-1]。

製本所を営んでいた男性とともに中村社長は特許を取得し、発売しましたが、当初は製作者2人の予想に反して、ノートは全く売れませんでした。

元製本所の男性もノートの売上が伸びないことに責任を感じつつも、打開策は考えられず、孫娘に「学校の友達にノートをあげてくれ」と手渡しました。

「私は使わないけれど、もしかしたら……」と考えた孫娘がTwitterで宣伝したところ、リツイートはあっという間に3万を超えました。それに従い、自社のWebサイトのアクセスも激増し、続々と追加発注も入りました。

その後、ノートは大手企業と提携し、今では量販店でも購入できるほどの人気商品です。

中村印刷所は、大きな金額をかけてCMを打ったわけではありません。交通広告など、大々的なプロモーションをしたわけでもありません。

1-1 ： 若松真平（withnews編集部）「『おじいちゃんのノート』注文殺到　孫のツイッター、奇跡生んだ偶然」withnews、2016年。
https://withnews.jp/article/f0160105002qq000000000000000W00o0201qq000012896A

しかし「これは使える」という多くの人のポジティブな思いがTwitter上で話題を呼び起こし、その商品を必要としている人たちの手に届いたのです。

一方、中村印刷所のストーリーとはまるで反対の話もあります。大手企業でPR担当をしていたごく普通のOLの話です。彼女はフライトの直前にTwitterを開き、自分の数少ない170人のフォロワーに向かって、アフリカ旅行へ行く前に、アフリカに関するちょっとしたブラックジョークをツイートしたのです。

彼女は飛行機に乗り込んだのですが、ネット上では恐ろしいほどたくさんの反応が沸き起こっていました。いわゆる「炎上」です。

彼女はその夜、世界一の有名人になりました。それも、最悪の形で。彼女は即刻会社を解雇され、その後長く精神的なダメージに苦しむことになりました。

この2つのストーリーは、一見反対のことを示しているように見えます。

「テクノロジーは素晴らしい、いや、ひどいものだ」

「私たちはとても悪い人間だ。いや、とてもいい人間だ」

このストーリーが示した意味は、いい意味であれ、悪い意味であれ、私たち１人ひとりが「炎上」などを通じて、企業や他者に影響を及ぼしたり、気に入った商品を広めたりする、ということです。

ドキュメンタリー監督のジョン・ロンソンは、TEDトークでこう述べています[1-2]。

1-2 : Jon Ronson/TEDGlobalLondon,"When online shaming goes too far",TED Ideas worth spreading,2015.
https://www.ted.com/talks/jon_ronson_what_happens_when_online_shaming_spirals_out_of_control

> ソーシャルメディアの偉大な点は、声なき弱者に声を与えたことです。でも私たちは監視社会を作りあげつつあります。そこで生き残る最も賢い方法は、声をあげないことなんです。

私たちは一方通行にメッセージを押しつけるのではなく、相互が影響力を持った時代に生きているのです。大きなパラダイムシフトが起きたことを認めなくてはいけません。

ありとあらゆる企業活動は相互的になり、レビューされ、つぶやかれ、写真に取られ、シェアされるようになりました。

ソーシャルメディアの世界では、たとえば不用意な発言1つで企業が多大なリスクを被る一方、意図せずに発した言葉によって一個人が一瞬にして世界的な有名人になる可能性もあります。

20世紀は企業主導の社会でしたが、現代は顧客主導の社会と言ってもよいでしょう。

「F-factor」という言葉をご存知でしょうか？

F-Factorとは、フィリップ・コトラーが自著『コトラーのマーケティング4.0 スマートフォン時代の究極法則』（朝日新聞出版）の中で提唱した概念です。

F-Factor

- □**Family（家族）**
- □**Friend（友達）**
- □**Follower（フォロワー）**
- □**Fans（ファン）**

F-factorは、上記の4つをまとめた造語です。ソーシャルメディア時代において、影響力を及ぼしうる様々な要素についてまとめられ、提唱されたものです。

顧客や消費者の声が口コミによってすぐに届くということは、企業側も改善ポイントをすぐに見つけられるようになったということでもあります。

顧客や消費者が口コミによって大きな力を持つ一方で、企業が顧客の口コミから多大な影響を受けるようになってきたこと、これがデジタル・マーケティングにおける大きな特徴です。

デジタル・マーケティングの特徴❷ ――パーソナライゼーション

もう1つのデジタル・マーケティングによる大きな変化は、パーソナライゼーションです。

パーソナライゼーション／パーソナライズ

顧客の行動履歴、閲覧履歴などを元に、コンテンツを最適化する技術です。

たとえば、Google検索は顧客の検索履歴を元にパーソナライズされ、Amazonのおすすめ商品は、顧客の購入履歴を元にパーソナライズされています。

屋外広告、テレビ・ラジオCM、新聞・雑誌広告などは、読者や視聴者の属性から出稿する媒体を選ぶ程度でした。

しかし、デジタル・マーケティングにおいては、ターゲティングの精度を従来の広告では考えられないほど細かく設定することが可能です。

ターゲティング

特定の顧客を狙って広告やコンテンツなどを打つことです。デモグラフィック（ユーザーの属性）ターゲティングや地域ターゲティングなど、様々な種類があります。

年齢や性別だけではなく、住んでいる地区単位、学歴、趣味嗜好までを細かく設定して、最近訪れたWebサイト、最近検索されたワード、最近出したメール（たとえばGmail上の広告などは、メール内容に合わせて広告が変化します）などからもターゲットを絞り込むことが可能になっています。

それではなぜ、これほどターゲティングが細かくなったのでしょう？
多くの無関係な広告がインターネット上に溢れていることも1つの要因です。

マーケティング担当者向けのWebサイト「Marketing Dive」の調査によれば[1-3]、顧客の71%はパーソナライズされた広告を好んでいます。その最大の理由は「無関係な広告を減らすのに役立つ（46%）」というものでした。
自身にとって無関係なメッセージに人は興味を持ちにくいものです。

テレビCMが最大公約数的なプロモーションを目指したのとは正反対の進化が、デジタルの世界では起きています。
全てのメッセージは、より個人的なものになり「あなただけに」という形を取って現れるようになっていくでしょう。

デジタル・マーケティングの特徴❸ —— スピード

最後にもう1つ、デジタル時代の大きな特徴を挙げましょう。スピードです。たとえば、新しいテレビCMを流すには、通常、企画や制作などで一定の期間が必要です（少なくとも、1日2日で終わることはないでしょう）。新聞広告も、数週間の準備が必要です。
しかし、デジタルであれば、事情は全く違います。一瞬にして顧客のフィードバックが得られるからです。
1時間だけ広告を試してみて、上手くいかなかったら広告の文章を変え

1-3：David Kirkpatrick,"Study:71% of consumers prefer personalized ads", MarketingDIVE,2016.
https://www.marketingdive.com/news/study-71-of-consumers-prefer-personalized-ads/418831/

る、あるいはブログの記事を変更するということも、もちろん可能です。

スピードには、負の側面もあります。「デジタル・マーケティングは万能か？」というと、そういうわけでもありません。マーケティング担当者は、広告サイクルの速さに過重労働を強いられるからです。

「Digital marketing magazine」の記事 "Digital Marketers Feel Overworked, Underpaid and 'Lack Recognition'" によると、イギリスのデジタル・マーケティング担当者は平均で毎週8時間余分に働いており、約半数（46%）が過労を感じ、約3分の1（30%）が、充分な給料をもらっていないと感じています[1-4]。

多くの日本企業でも、マーケティング担当の人数が充分ではありません。そのしわ寄せは、担当者、あるいは広告代理店の担当者に行くことになります。

実際に、広告代理店の若い社員の方が、過労などを理由にして亡くなったという悲惨な事件も起こっています。

デジタル・マーケティングには、新しい時間サイクルが存在することを認めた上で、それに対応できる人的リソースを確保することが、現代の企業には求められています。

デジタル・マーケティングの特徴❹ ―― 数値化

かつて、「百貨店王」と呼ばれた偉大なマーケターである、ジョン・ワナメーカーは、かつて「広告費の半分が金の無駄になっていることはわかる。わからないのはどちらの半分が無駄になっているのかだ」と言いました。この言葉はよく知られています。

1-4：Daniel Hunter,"Digital Marketers Feel Overworked, Underpaid and 'Lack Recognition'",Digital marketing magazine,2016.
http://digitalmarketingmagazine.co.uk/articles/digital-marketers-feel-overworked-underpaid-and-lack-recognition/3646

有史以来、広告はこのような欠陥を抱えていました。テレビ広告にせよ、屋外広告にせよ、その成果を検証することは簡単ではありません。

しかし、デジタル広告では、より簡単に効果検証が可能です。もちろん、全てを効果検証できるわけではありませんが、旧来の広告に比べればはるかに効果を検証しやすくなりました。これは、デジタル・マーケティングが広告業界に起こした、大きなブレークスルーと言えます。

デジタルマーケターは、マスマーケティングの分野からは「数値を見ているだけで戦略がない」と揶揄されることもありますが、実際には、より多くの数値を確認しながら、戦略的な視野を持つことができます。

マーケティング3.0——よりよい世界を作るために

世界でもっとも有名なマーケターであるフィリップ・コトラーは、自著の『コトラーのマーケティング3.0　ソーシャル・メディア時代の新法則』(朝日新聞出版、2010年）の中で、ソーシャルメディアの時代に際し、「マーケティング3.0」という概念を提唱しています（図1-1)。

図1-1　コトラーの定義するマーケティングの進化

	コンセプト	時代の特徴	年代
マーケティング1.0	製品中心	大量生産・大量消費	1950～60年代
マーケティング2.0	消費者中心	価値の多様化	1970～1990年代
マーケティング3.0	人間中心	ヴィジョン主導	2000年代～
マーケティング4.0	自己実現	共創の時代	2010年代～

コトラーは、前述の自著の中でこのように述べています。

> 現在、われわれはマーケティング3.0、すなわち価値主導の段階の登場を目の当たりにしている。
> マーケティング3.0では、マーケターは人びとを単に消費者とみなすのではなく、マインドとハートと精神を持つ全人的存在ととらえて彼らに働きかける。
> 消費者はグローバル化した世界をよりよい場所にしたいという思いから、自分たちの不安に対するソリューション（解決策）を求めるようになっている。
>
> 混乱に満ちた世界において、自分たちの一番深いところにある欲求、社会的・経済的・環境的公正さに対する欲求に、ミッションやビジョンや価値で対応しようとしている企業を探している。
>
> 選択する製品やサービスに、機能的・感情的充足だけでなく精神の充足をも求めている。

デジタルの世界においては、相互の影響力が強く働きます。
つまり、多様な人々の価値観に応じて、意図しない形で評価される可能性がある、ということを頭に入れておく必要があります。

書籍の中で使われた単語を調べる「Google Ngram Viewer」を見てみると、書籍の中で「Love（愛）」と「War（戦争）」は拮抗しています。しかし、Google Trendsでは、2倍以上「Love」のほうが多いのです（図1-2、図1-3）。

図1-2　Google Ngram Viewer

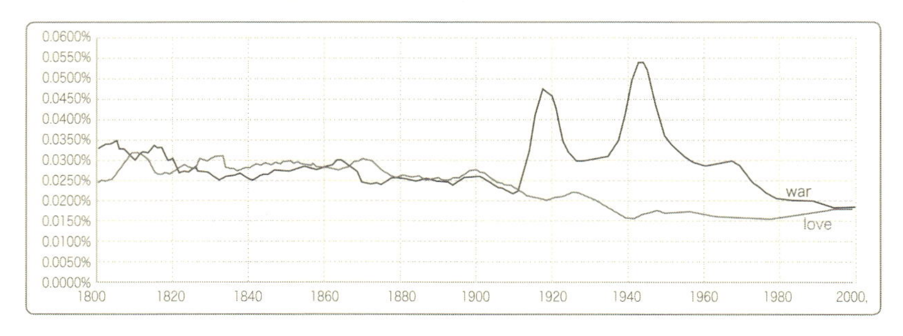

図1-3　Google Trends

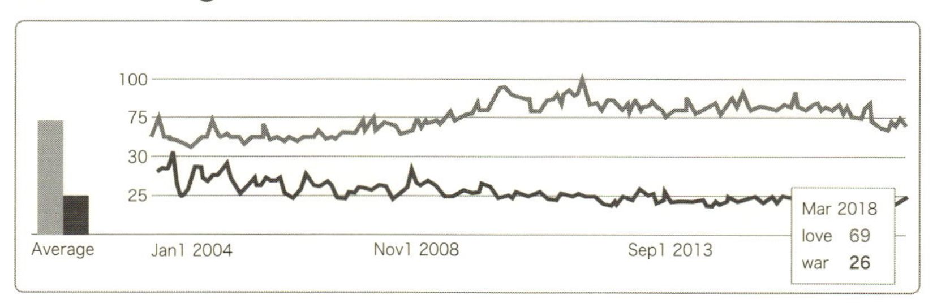

　私たちは、もしかすると、オンラインではよりポジティブになれるのかもしれません。

Google Trends（https://trends.google.com）

　Google社が提供している、検索数の変化や推移、異なる検索キーワードでの比較などができるツールです。正確な検索数はわかりませんが、トレンドの推移や、インターネット上での存在感などを確認するには便利です。

1-2

プレ・マーケティングの時代

ここでは、事業を立ち上げる前にマーケティングをはじめることを提案します。リーンスタートアップやクラウドファンディングなどトレンドの手法を使いながら、「いかにリスクは少なくマーケティングを行うか」を提案します。

プレ・マーケティングの時代❶
── クラウドファンディングの流行

本章では、「プレ・マーケティング」という概念を提唱します。プレ・マーケティングとは、実際に製品を開発し、販売する前に行うべきマーケティングです。

たとえば、Webサイトの公開前に、Twitterのフォロワーや Facebookページのいいね数、メールマガジンの購読数が一定数あれば、最初の反応が変わってくるでしょう。

スマートフォンの普及により、顧客とつながる方法が多様化していることも見逃せません。

このように、製品やサービスの公開前に顧客とつながることは、様々な好影響を、製品やサービスにもたらします。

2016年11月、戦時中の広島県呉の生活を描いた長編アニメーション映画『この世界の片隅に』が公開されました。

この映画は公開から1年半以上経った今でも（18年8月現在)、劇場で上映されており、異例のロングランです。18年に入って、興業収入が27億円を超えたと言われています。

公開当初はわずか63館での上映でしたが、観客の口コミによって評判が徐々に広まり、結果、映画館での上映は400館を超えました。

実はこの映画、他の映画とは違う画期的な点が1つあります。それは、クラウドファンディング（不特定多数による、リターンを前提としない投資）を利用した資金調達で、制作費の一部を負担していることです。実際、3374人の一般のファンから出資を募り、約3912万円の資金調達ができました。

このクラウドファンディングでは、出資者が6つの支援コースの中からコースを選び、出資します。支援コースによっては、本編のエンドロールに出資者の名前がクレジットされるそうです。

クラウドファンディング（Crowdfunding）

多数の出資者から出資を受け、現金ではない形でリターンを返すファンディング（出資）手法を指します。

制作前からお金を出す明確なファンがいることから一定の需要が見込め、彼らが口コミで広めてくれるので、実際に製品完成後もSNSなどでの拡散が期待できます。

ファンディングプラットフォームとして世界的に有名なKickstarter（https://www.kickstarter.com）は、17年9月に日本版サービスを開始しました。

図1-4は、クラウドファンディングの仕組みを図にしたものです。

クラウドファンディングは寄付ではありません。純然たるマーケティングの手法です。

事前に一定額の資金を集められるため、クラウドファンディングのような仕組みは、制作する側にとっても効果が高いのです。

このように、**製品完成前や事業スタート前からマーケティングによっ**

図1-4　クラウドファンディングの仕組み

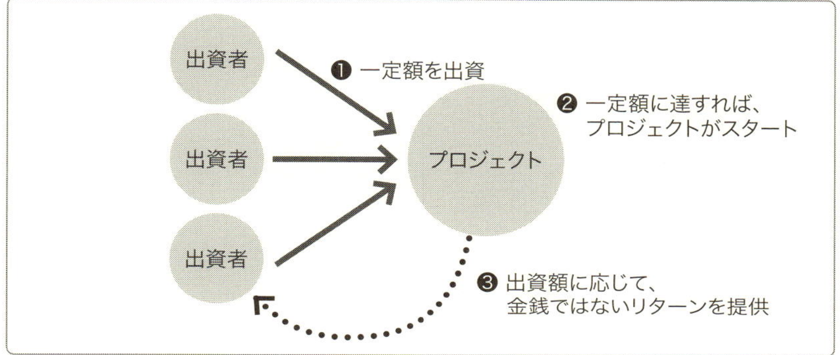

て顧客を集める手法を、本書では「プレ・マーケティング」と定義しています。

なぜプレ・マーケティングという手法を提唱しているのか。

それは、充分なマーケティングを行わないまま失敗した企業が、今までに多数存在してきたからです。

まず、需要があるかどうかを確認して、それから作る。これによって、誰もほしがらないものを作ってしまうという最大のリスクを避けることができます。

クラウドファンディングだけではありません。スタートアップ企業でも、完成版の製品を公開する前に、未完成の「ベータ版」の製品を公開し、「ベータリリース」として、顧客を集めるなどの手法が取られます。

エドセルの失敗

もっとも有名な例は、アメリカの自動車メーカー、フォード社が発売した「エドセル」でしょう。当時のフォード社は、世界最高の市場調査能力を持っていました。様々な機能と斬新なデザインを備えたその車には、重大な欠点がありました。一度も顧客へのテスト販売をしなかったのです。

エドセルは、フォード社が大々的に発表し、全国で発売されましたが、大失敗に終わりました。ほとんど売れないばかりか、フォード社に莫大な負債を残してしまったのです。

AdKeeperの失敗

何億、何十億円も投資を受けたベンチャー企業やスタートアップ企業でも同じ失敗をすることがあります。

スタートアップ企業のAdKeeperは、新聞広告を切り抜きするように、オンライン広告を保存できるサービスを顧客に提供していました。しかし、数千万ドルを調達した後にわかったのは、顧客は広告を保存などしたがらない、ということでした[1-5]。

1-5 : Alex Kantrowitz,"What You Can Learn From Adkeeper's Epic Fail (And Pivot)",AdAge,2014.
http://adage.com/article/digital/learn-adkeeper-s-epic-fail/291725/

かつては、プロダクト・アウトかマーケット・イン、どちらが正しいのか？　という論争がありました。今ではナンセンスな問いでしょう。

顧客が必要とするものを作らなければ、大失敗することが明らかになっているからです。

マーケターに求められる能力は、顧客が必要とするものをどのように実現し、表現するか、ということです。プレ・マーケティングを行わない理由は、何ひとつありません。

プレ・マーケティングの時代❷ ――リーンスタートアップの流行

プレ・マーケティングの考え方は、生存競争の激しい、北米や欧州のスタートアップ企業（ベンチャー企業）にも浸透しています。

スタートアップ企業は、今までに存在しないサービスを立ち上げます。つまり、すでにニーズが証明されている既存事業よりも、より多角的な観点から、顧客のニーズが存在するかを検討しなければいけません。

特に、トヨタのかんばん方式を起業や新規事業の立ち上げに応用した「リーンスタートアップ」の手法は、マーケティング・ファーストそのものであると言えるでしょう。

リーンスタートアップ

コストを掛けずに、MVP（必要最小限の製品）を作り、可能な限り早く顧客からのフィードバックを得ることを目的としたスタートアップ立ち上げのメソッドです。
「複雑な計画を立てるのではなく、シンプルにはじめる」「軌道修正を常に繰り返す」などのモットーがあり、スタートアップ業界ではメジャーなメソッドとなっています。

リーンスタートアップは、2008年にアメリカの起業家であるエリック・リースが提唱しました。

リースは、著書『リーン・スタートアップ』（日経BP、2012年）の中で「最大のリスクは、誰もほしがらないものを作ってしまうことだ」と述べています。

ベンチャー業界の分析企業、CBInsightの調査[1-6]によると、**スタートアップ企業やベンチャー企業が失敗する最大の理由は「そもそもマーケットに需要がない」こと**を1番に挙げています。

このような現状を元にしたのが、リーンスタートアップの概念です。

私たちの住む世界はとても不確実で、計画どおりに物事が進むとは限りません。だからこそ、常に顧客とつながり、製品やサービスを改善し続ける必要があるのです。

1-6 ： RESEARCH BRIEFS,“The Top 20 Reasons Startups Fail”,CBInsight,2018.
https://www.cbinsights.com/research/startup-failure-reasons-top/

プレ・マーケティングの時代❸
――ドッグフーディングで既存事業を見直す

「ドッグフーディング(Dogfooding)」「Eat Your Own Dogfood（自分の犬の餌を食べてみろ）」。

これらは、IT業界の現場でよく使われる言葉です。

意味は、新しい製品や機能を開発したとき、まずは社内で率先して試用することを言います。

それでは、既存事業を見直すときに、ドッグフーディングはできないでしょうか？

自社だけではなく、付き合いの長い企業などにまず試してもらうことで、その後のマーケティング戦略を明確にすることができるはずです。

part

2

本当にそれ、需要ある？

――マーケティング戦略の作り方

2-1

マーケティングをはじめる前に❶
―― 需要があるかを確認する

Part 2では、デジタル・マーケティングをはじめる前に考えるべき戦略についてまとめていきます。まず「需要の確認」です。検索ツールを使って、需要を確認する方法を考えます。

戦略とは何か

本書では、**事業がスタートしたあとに変更するのが難しい事項について、戦略と定義しています。**

つまり、戦略は商品開発・事業開発の段階から充分に考慮されるべきものです。

たとえば、商品を作り終えてから「広告費がないので、なんとか検索だけで顧客を獲得できないですか？」と言われても、難しいケースが多いです。

「どのように顧客を獲得するか」は戦略であり、商品開発を終えた後から容易に変更できるものではないからです。

Twitterのフォロワーを増やす方法、Googleのアクセス数を増やす方法……それらは単なる「How To」です。後から学べます。

多くの企業におけるデジタル・マーケティングの課題は「どのように行うか」よりも、むしろ「何をやるべきかがわからない」という点にあります。

何をすべきかわからなければ、商品や事業を開発する前に、マーケティング戦略を作ることなどできるわけがありません。

まず、何をやればいいのか。Part 2では、その点にお応えします。

それって、本当に需要があるの？

Part 1で述べたとおり、企業にとって**最大のリスクは「誰もほしがらないものを作ってしまう」ということです。**

まず重要なのは、ニーズの考え方です。

「ニーズ」というと、サービスそのものを必要としている人のことを考えるかもしれません。

しかし、「ドリルを売るには穴を売れ」と言われるとおり、まず考えるべきは顧客が求めるニーズや現状への不満点です。

次の言葉は、自動車王ヘンリー・フォードの有名な格言です。

「もし顧客に、彼らの望むものを聞いていたら、彼らは『もっと速い馬がほしい』と答えていただろう」

もちろん、これは正しい言葉です。しかし、この言葉をもって、顧客のニーズを考える必要がないというのは正しくありません。

もう1つ重要なことは、顧客は常に「もっと早く移動できて、しかも自分でコントロールができ、いちいち飼葉を必要としない移動手段を必要としていた」ということです。

それでは、ピクサー・アニメーション・スタジオの映画を例に挙げて、観客のニーズについて考えてみましょう。

これらの映画は、次のコンセプトで作られています。

- □**『モンスターズ・インク』……色とりどりの怪物たちが会社を作る**
- □**『トイ・ストーリー』……おもちゃたちが動き出す**
- □**『ズートピア』……動物が平等に暮らす国**

これらの映画のコンセプトは発想が奇抜な一方で、観客のニーズが得られやすい作品です。なぜならば、「大人は考えさせられ、子供が見ても楽しい、家族全員が見ることのできる映画」だからです。といっても、「おもちゃが動き出す映画」を再度作ったからといって、顧客のニーズを満たせるわけではありません。

ニーズの考え方はいろいろありますが、ある程度フォーカスされていながら、それでいて絞り込みすぎていない定義を考えることが重要です。

図2-1　映画の顧客ニーズもいろいろ

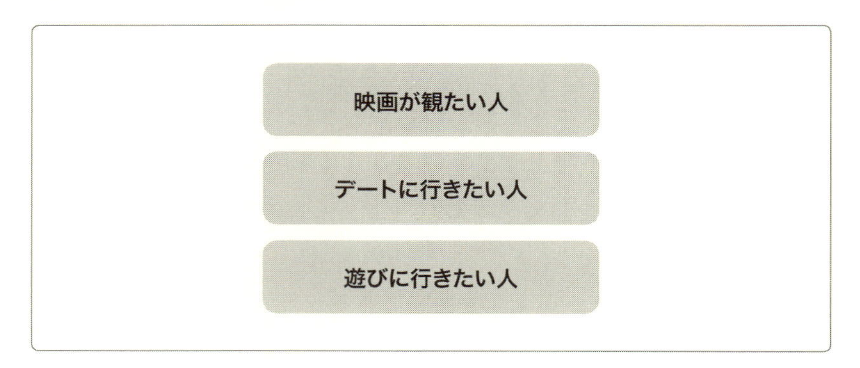

映画の顧客ニーズを広げて考えると、「競合はどのようなエンターテイメントなのだろうか？」「アミューズメント施設に勝つためにはどうすればいいか？」というふうに、視野が広がります。

映画という枠で捉えるか、大きなエンターテイメントの枠で捉えるかによって、戦略が大きく変わるのです。おもちゃが動き出せばヒットするわけではありません。

顧客ニーズの絞り方について、東京ディズニーリゾートを例に考えてみましょう。

ディズニーほどのブランド力があれば、強いロイヤルカスタマー（大阪に住んでいても、USJではなくディズニーリゾートへ行きたいくらいのファン）も多くいます。彼ら彼女らは、もっとも強いニーズを持った顧客です。

次に強いニーズを持った潜在顧客は、テーマパークに行きたい人たちです。他のテーマパークと比較した上でディズニーリゾートに行くかどうかを決めるでしょう。

そして、もっとも薄いニーズが「遊びに行きたい」というニーズです。これは、さらに競合が多くなります。

次の図2-2のようなイメージです。

図2-2　ディズニーリゾートの顧客ニーズの円

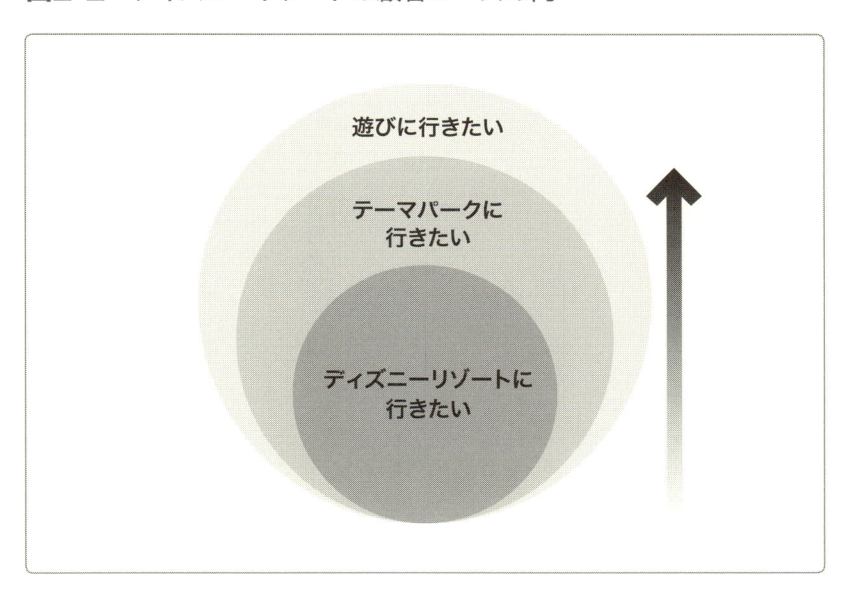

基本的に、顧客のニーズが濃くなれば濃くなるほど、対象となる人数は減っていきます。

「豚骨ラーメンが好きな人」よりも、「ラーメンが好きな人」のほうが人数は多いでしょう。

たとえば、強いニーズを持った限られた**潜在顧客にだけ広告を打つ場合、高い費用対効果を得られますが、より多くの潜在顧客に対して広告**

を打つ場合、弱いニーズしか持っていなかったり、そもそも興味関心がないことも考えられます。

つまり、より多くの潜在顧客にアプローチする場合は、費用対効果が悪化する可能性が高いのです。

図2-3は概念図です。より広い範囲の顧客にリーチしようとすると、効果が薄まっていくのがわかるのではないでしょうか。

図2-3 ニーズが拡散する概念図

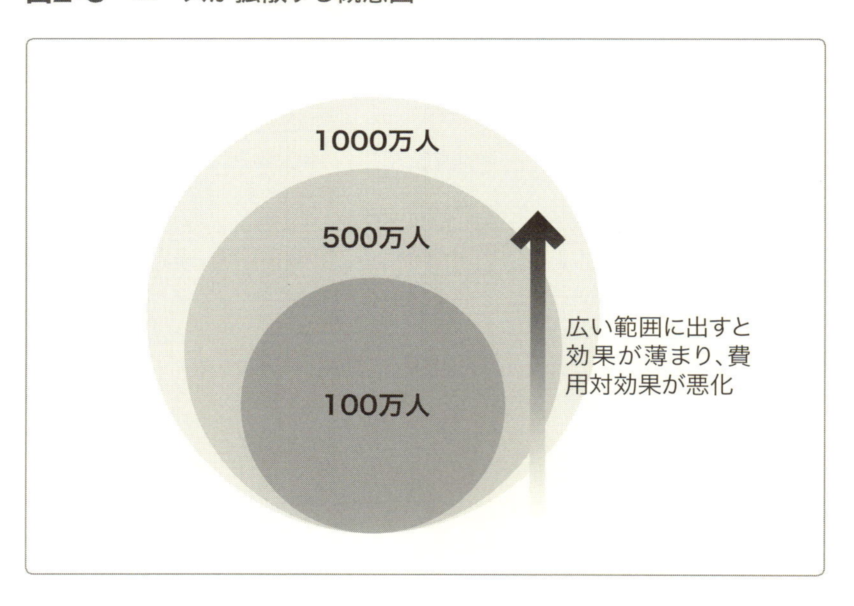

「マスに出そうとすると効果が悪くなる」というのは、ある意味当然のことです。ターゲティングが重要なのは、より絞られた人たちに対して施策を打つことで、費用対効果をよくすることが目的だからです。

ニーズに合わせたマーケティング

顧客のニーズが濃い事例として、鍵の修理サービスを挙げてみましょう。鍵の修理サービスの顧客は、家の鍵をなくした人や鍵が開かなくなってしまった人です。

顧客が男性か女性か、年齢が20代か30代か、というようなことはそれほど関係ありません。

普段生活する上で、大半の人は鍵の修理サービスにニーズを感じることは少ないでしょう。**しかし、鍵をなくした瞬間、一変してニーズの濃い顧客になります。**

このようなサービスをデジタル・マーケティングで行う場合、リスティング広告（検索連動型広告）が利用されます。「鍵　なくした」などと検索した顧客に対して広告を出す方法です（図2-4）。

図2-4　リスティング広告

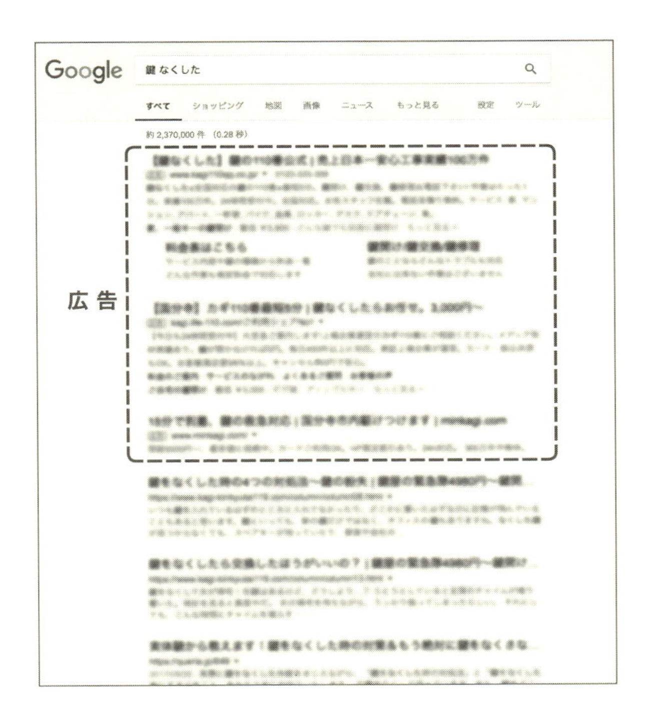

ニーズは濃ければ濃いほど、すぐに販売につながるため、一般にこのようなキーワードはクリック単価がかなり高額になります。

需要はどうやって調査する?

需要を調査する上で、もっともわかりやすい方法は、検索エンジンを利用することです。

検索数を診断するサービスはいくつかありますが、まずは「キーワードプランナー」を紹介します。これは、Google公式のツールであるために正確ですし、検索数が小さなキーワードでも概算の数値を提供してくれるという利点があります。

キーワードプランナー
(https://adwords.google.co.jp/KeywordPlanner)

Googleがオフィシャルに提供している、広告運用向けのキーワード検索数の推定ツールです。使用するにはGoogle広告への登録が必要です。Google広告は、これまで「Google AdWords」と呼ばれていましたが、2018年7月より名称が「Google広告」に変わりました。

一方、あくまで概算値でしかないため、「1－10」「10－100」「1,000－1万」「1万－10万」といった、ざっくりした数値でしか表示ができない、という使いづらい点もあります。

たとえば、男性向けのプレゼントが探せる通販サイトをはじめるとします。キーワードプランナーで「男性　プレゼント」の検索数を調べてみましょう。

すると、図2-5が示すように、1万〜10万回程度、月間に検索されていることがわかります。

図2-5　キーワードプランナー

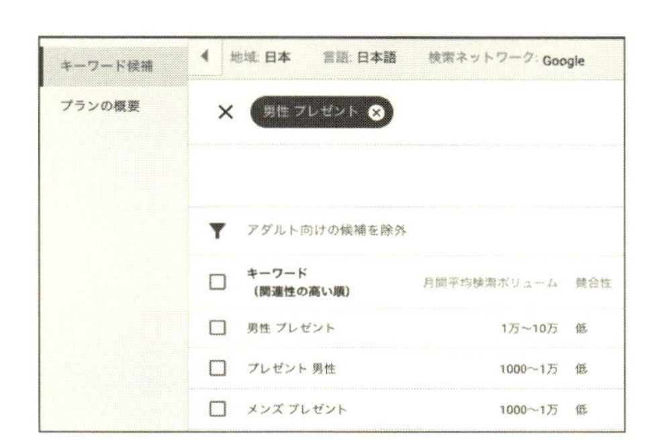

キーワードプランナーではおおまかな検索数しか調べられないため、もう少し詳しい検索数が調べられる、非公式のツール「Keyword Explorer」を紹介しましょう。

Keyword Explorer
（https://moz.com/explorer）

アメリカのSEO企業、Moz社が提供しているツールです。ツールバーもあり、様々な機能を提供しています。

Keyword Explorerでは、キーワードプランナーよりも詳細なキーワードボリュームや、クリック率などを計算することができます（図2-6）。

ただし、公式サイトではないため、正確ではない可能性もあります。

また、小さなキーワードではほとんどデータが出てこない、という点に注意が必要です。

図2-6　Keyword Explorer

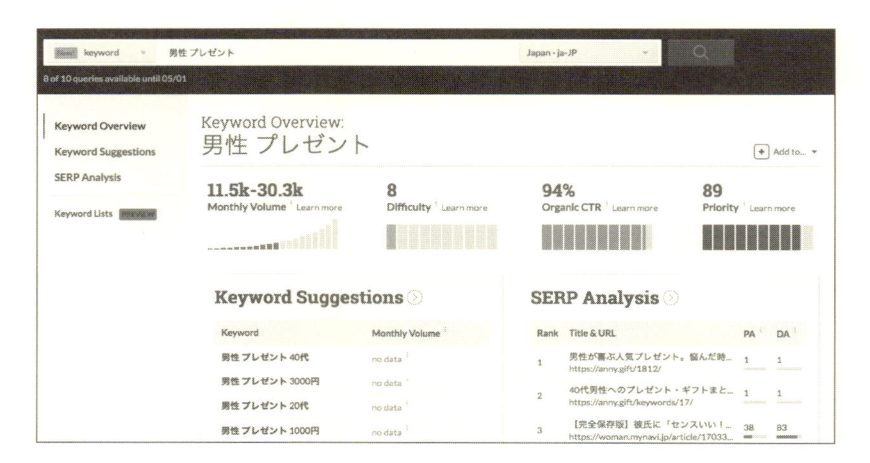

Keyword Explorerで「男性　プレゼント」の検索数を調べた結果、図2-6が表すように、11万5,000～30万3,000の検索数があり、クリック率は94%でした。

「男性が喜ぶプレゼントを知りたい」「男性に喜んでもらえるプレゼントが買いたい」というニーズが一定数あるということを予測できます。

デジタル・マーケティングのプロセスにおいて、サービスをはじめる前の事前調査、そして顧客のどのようなニーズを満たすのか？　という検討は非常に重要です。

すでに事業をはじめている方も、この点をしっかりと再検討することで、よりマーケティング戦略を再構築しやすくなるはずです。

2-2

マーケティングをはじめる前に❷
──明確な顧客像を作る

顧客像をつかむためには、ニーズを確認するだけではなく、デモグラフィック（顧客属性）を考える必要があります。性別・年齢から顧客属性を明らかにする方法と、どのような場合顧客属性を対象に施策を行うことが有効なのかを考えます。

顧客の「ニーズ」と「デモグラフィック」

「顧客を知る」。これは、簡単なことのようで、とても難しいテーマです。

顧客のニーズに関しては先ほど説明しました。ニーズを持った潜在顧客を特定するときに必要となるのが、顧客のデモグラフィックです（図2-7）。

図2-7 デモグラフィックとニーズ

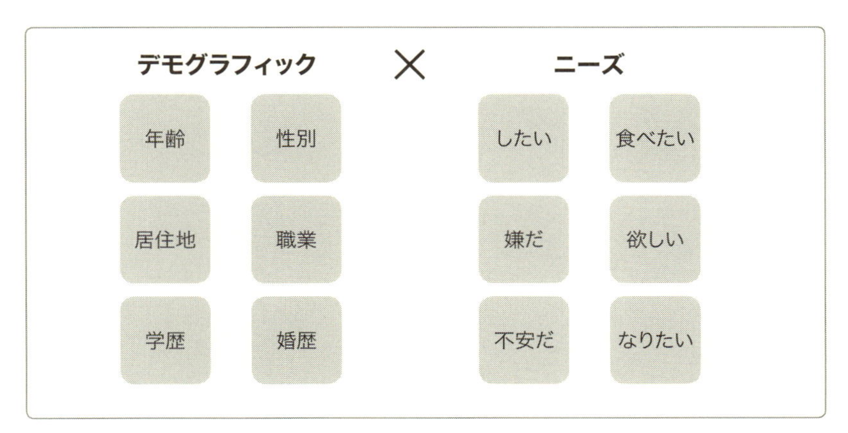

デモグラフィックとは、主に居住地や学歴や年齢、性別など、その人自身を長期に渡って定義する属性を意味します。ニーズとは、そのとき

にほしいと思っているか、どういうステータスかなど、短期で変動するものです。

デモグラフィックは、潜在顧客のニーズを推定するために利用する

簡単に、ニーズがわかれば苦労はありません。たとえば、路上でお腹を空かせている人がわかれば、効率よくレストランのチラシを配ることができます。問題はニーズがあるかどうかが、第三者からは極めてわかりづらいということです。

婚活サービスを例に挙げます。「結婚したい」という明確なニーズを持っている人には、それに合わせたマーケティングをすれば問題ありません。しかし、明確なニーズを持っている人ばかりではありませんし、誰が結婚したいのか？　という点を判断するのは簡単ではありません。

そこで、次のように**デモグラフィックからニーズを推定する必要があります**（図2-8）。

図2-8　婚活サービスのデモグラフィック

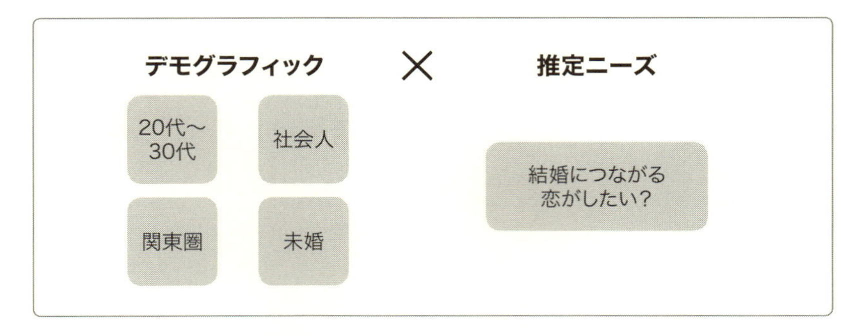

もちろん、このようなデモグラフィックの人が全て結婚したいわけではありません。

別の例を考えてみます。靴下の通販サイトを運営していて、ニーズを持った潜在顧客を見つけるにはどうすればいいのでしょうか。靴下の通

販サイトは婚活サービスほど強く推定できるものではありません。年齢も性別もより幅広い層を視野に入れて考えなければならないからです。

このように、サービスによってはデモグラフィックだけでは、必ずしもニーズを持った潜在顧客を特定しきれない、という事がわかると思います。

デモグラフィックに合わせた媒体選択

デモグラフィックについて、広告業界ではよく顧客の年齢層と性別の区分けに、図2-9に示すような用語を使います。テレビCMが全盛の時代から利用されている歴史あるセグメンテーションですが、現在でもよく使われているので覚えておくと便利です。

図2-9 FM層

	4〜12歳	13〜19歳	20〜34歳	35〜49歳	50歳〜
女性	C層	T層	F1	F2	F3
男性			M1	M2	M3

かつて、これらの指標は非常に重要でした。たとえば、「F2層（35歳から49歳の女性）は主に専業主婦である」「M2やM3層は既婚者で、すでにマイホームを持っている」……などと推定してもそれほど問題はなかったのです。

しかし、現代では男女共にキャリアも行動も多様化しています。女性が働くことや、男性が子育てに時間を割くことも当たり前になってきました。また、独身を選ぶ男女も増えています。

デモグラフィックだけで潜在顧客を特定するのではなく、個人がもつ資質や価値観を尊重した上で、本当にデモグラフィックが潜在顧客の特定に効果的なのかを考えるべきです。

Googleは2013年の発表で、「行動の多様化はますます進んでいるが、個々人の価値観やライフスタイルに基づくものであって、従来の単純な区分けは意味をなさなくなりつつある」と述べています[2-1]。

デモグラフィックは仮説を作る際には有益ですが、実際のデジタル・マーケティングにおいては、デモグラフィックにとらわれすぎない施策を行う必要があるでしょう。

2-1：山崎春奈、ITmedia「男女･年代別マーケティングは『もうできない』　マルチデバイス時代の情報行動5つのタイプ、Googleが分類」ITmedia News、2013年。
http://www.itmedia.co.jp/news/articles/1312/16/news084.html

2-3

マーケティングをはじめる前に❸
――競合と集客チャネルを把握する

マーケティング上でもっとも重要なポイントの１つは、競合を把握することです。特にデジタル・マーケティングでは、集客チャネルごとに競合を考え、確認する必要があります。ここでは、競合を知る上で必要なツールを提案していきます。

競合によってビジネスは変化する

モーガン・フリーマンとティム・ロビンスが出演した映画『ショーシャンクの空に』は1994年の公開から、いまだ賞賛の声が途絶えることのない名作です。しかし、第64回アカデミー賞で7部門にノミネートされたにもかかわらず、1部門も受賞しませんでした。

その年に作品賞を含む6部門のアカデミー賞を受賞したのは、トム・ハンクスが主演した映画『フォレスト・ガンプ』でした。

富士山の山頂では、ペットボトルが1本500円もします。ホテルのルームサービスならコーラが1,000円で売れる、という話も有名でしょう。

これらの例は全て、競合によって評価や価格が大きく変わった例です。

デジタル・マーケティングを行う上でも、競合の存在は重要です。**競合がいないマーケットは需要もありません。** 競合を把握し、競合の存在から学ぶ必要があるのです。

競合を知る

それでは、競合がどこにいるのかを明確にしていきましょう。

その際、利用できるツールを次に2つ紹介します。

SimilarWeb（https://www.similarweb.com）

イスラエルのベンチャー企業が開発したマーケティングツールです。大量のデータを分析し、Webサイトのトラフィックなどの推定値を知ることができます。ただし、実数ではないことにご注意ください。

Alexa（https://www.alexa.com/）

昔からあるマーケティングツールです。トラフィックを推定していますが、個人的にはSimilarWebよりも大きなズレがあるように感じます。

たとえば、あなたが花屋をやっていて、新たにEC（ネット通販）事業を立ち上げるとしましょう。そこで「SimilarWeb」を使って、競合となりうる大手の花通販サイトを調べてみます（図2-10）。

図2-10　大手花通販サイトのトラフィックの割合

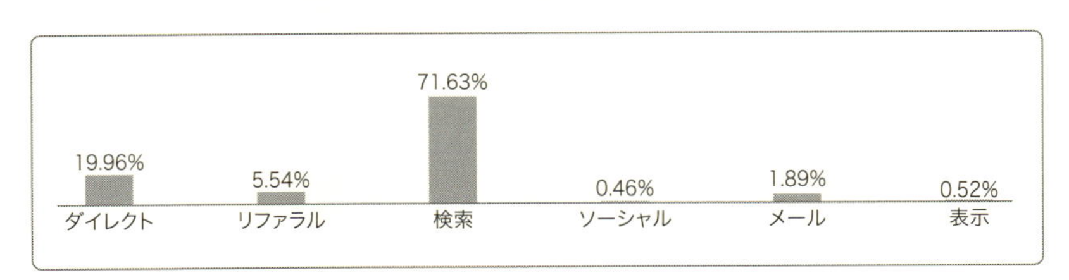

大手の花通販サイトのトラフィック割合を見ると、検索エンジンからの流入が最大であることがわかります。

また検索キーワードに関しては、自社の「指名キーワード」で一定の集客ができている他、「花束」「フラワーアレンジメント」などのワードでも集客ができているようです（図2-11）。

指名キーワード（ブランドキーワード）

指名キーワードとは、自社の名前や、商品名などで検索されたキーワードです。普通のキーワードであれば、いかに順位を上げるか？　ということが重要な指標になりますが、指名キーワードは基本的に順位は1位なので、検索数自体がどの程度あるのか？　ということが指標になります。

図2-11　検索キーワード

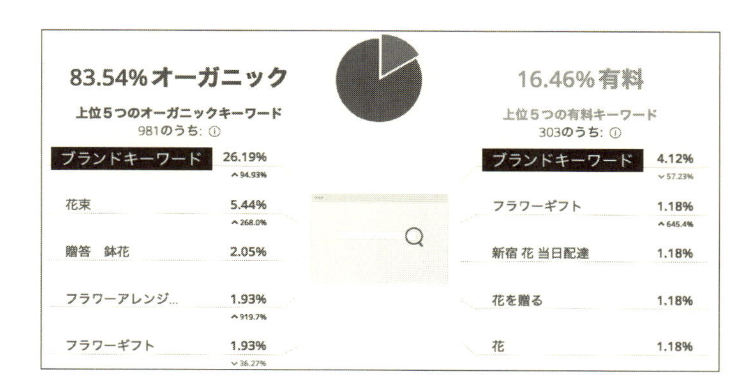

一方、有料キーワードでは「花」など比較的広いキーワードで集客しているようです。

「花束」などには、花束を一覧にしたページを出していますし、「花束値段」「母の日　花束」などのキーワードに対しては、「予算で選ぶ3,000円から」「母の日プレゼント特集」といったページを作ることで、それぞれの検索キーワードに合わせて顧客への訴求と検索からの集客を強化しています。

つまり、SimilarWebから推定できる大手花通販サイトの戦略をまとめると、図2-12のようになるでしょう。

図2-12　集客ファネルの優先順位

検索流入	**最重要**	指名キーワードで一定の集客が見込める他、重要なキーワードに独自のLPを作り検索での集客を強化している
検索広告	**重要**	指名キーワードに出稿している他、「花」「花を贈る」などの大きなキーワードで集客できている
リファラル	**やや重要**	アフィリエイトサイトから集客している
ソーシャル	**重要でない**	ほとんど集客には関与していない

多くの場合、通販で花を買う人は、知人へのお見舞いや開店祝いなど、儀礼的な贈り物に利用するか、または誕生日や成人の日、母の日など、記念日のプレゼントとして利用することが多いのではないでしょうか。

その一方、通常、知人に花をプレゼントする場合には、店頭で花を購入することが多いはずです。ですから、検索において記念日やビジネス用途のキーワードに重点を置くことは、戦略上有効だと考えられます。

さて、これだけでは、まだ競合調査は充分ではありません。花束の場合、Amazonにも多数出品されています（図2-13）。そこで、Amazonに出品し、レビューを獲得するという戦略もあるでしょう。

図2-13　Amazonで「花束」と検索した結果

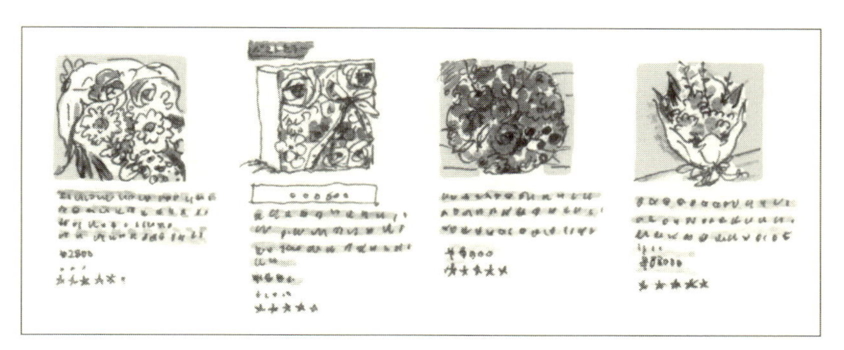

Amazonで検索すると、レビューが多数集まっている小規模の花屋が見つかります。レビューで評価されている点を確認しましょう。

検索エンジンにおける競合はどうでしょうか？　Googleで「花束」と検索した場合、図2-14のようになりました。

図2-14　Googleで「花束」と検索した結果

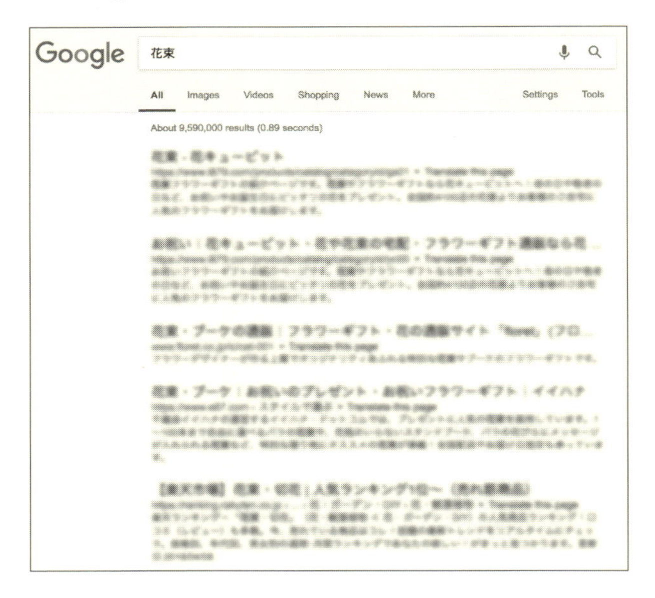

ここでは、複数の大手花通販サイトが見つかります。これらの大手のWebサイトは歴史もあり、顧客のリピート率も高いと考えられます。

ここで重要になるのは「**競合として勝ちやすい／勝ちにくいのはどこだろうか？**」という点を考えることです。

検索数の多い検索キーワードで勝つ自信があれば、検索を中心にする戦略を取ることも可能です。既存のWebサイトが狙っていない小さなキーワードで集客する方法もあります。

Amazonなどのプラットフォームで順位を上げる方法も、ソーシャルメディアで拡散を狙う方法もあるかもしれません。どれも難しければ、予算を組んで広告を打つ必要があるでしょう。

『孫子』の中に「敵を知り己を知れば百戦あやうからず」という言葉がありますが、デジタルマーケティングには常に競合が必要です。充分に競合を調査した上で、どのように競合に勝つか、どの市場で戦うか、あるいは共存するかを考えることが重要です。

2-4

マーケティングをはじめる前に❹
── 統合的チームを作る

広告運用だけを切り出してデジタル・マーケティングを行おうとしても成功しません。統合的チームを作ることが必要です。そのために重要なポイントは、より幅の広い関連分野について知ることです。

広告マインドから、統合的なマーケティングマインドへ ＞

デジタル・マーケティングの本を手に取った皆さんの多くが期待しているのは、広告の話や集客の話ではないでしょうか。

上手い広告運用の方法があれば、魔法のように顧客が増やせる……そんな期待をされているかもしれません。

しかし、ゴールデンタイムのCMを独占できるほどの資金力がない限り（つまりほとんどの場合）、広告を中心に物事を考えると失敗します。

それは、なぜでしょうか？

マネジメントの大家、ピーター・F・ドラッカーは、マーケティングに関して、次のようなことを言っています。

「マーケティングとは営業を不要にするものである」

デジタル広告はインターネットの発展とともに成長してきました。

しかし、**マーケティングは、「出したら終わり」の広告ではなく、それらを包括した仕組みや環境そのものを指します。**

具体的に言えば、マーケティングとは「必要とする顧客に届き、つながり続ける」という世界観を実現するためのものです。

野球チームやサッカーチームでたとえるならば、広告とは補強です。補強ももちろん大切ですが、**常に強いチームであり続けるためには育成戦略や、チームの評価戦略など、マネジメント部分が重要になります。**

アメリカ・マーケティング協会によるマーケティングの定義は、「マーケティングとは、顧客、依頼人、パートナー、社会全体にとって価値のある提供物を創造・伝達・配達・交換するための活動であり、一連の制度、そしてプロセスである」となっています。

この定義は、フィリップ・コトラーの名著『コトラー＆ケラーのマーケティング・マネジメント　第12版』(丸善出版、2014年）に書かれた、「価値の創造・提供・伝達」という定義にも似ています。

何よりも重要なのは「創造」という単語が入っていることです。

マーケティングとは製品そのものを改善し、価値を生み出し、届けるプロセス全てを指すのです。

これが、先に述べた「マーケター」だけではなく、営業やエンジニア、人事など様々な職種にとってマーケティングが必須であるという理由です。

必要となった「統合的組織」

デジタル以前の時代では、顧客の認知を取るためにテレビや新聞などのCMが必要で、その後の販売は店舗などで行うことがほとんどでした。

つまり、組織・チームはそもそも分断されていたのです。

しかし、デジタル・マーケティングの時代は違います。たとえばeコマースのWebサイトを立ち上げる場合、**認知を取り、顧客に働きかけ、さらに売上を伸ばし、再訪を促すところまで、インターネット上で完結します**（図2-15)。

図2-15　統合的組織

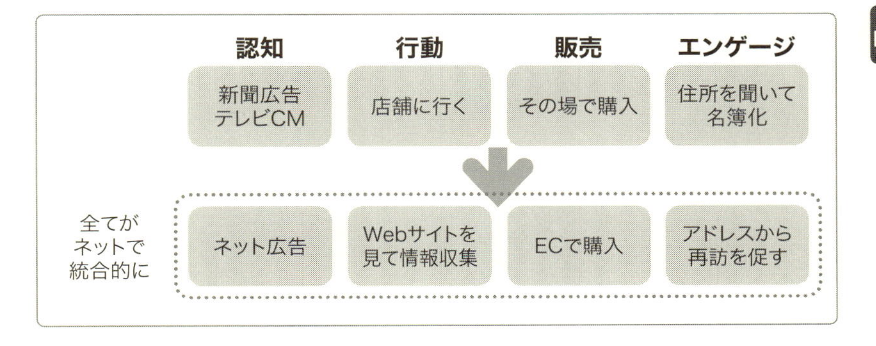

つまり、統合的なデジタル・マーケティングチームが必要になるのです。広告はあくまで一部の認知や流入の獲得のためであり、その後のプロセスのほうが、より実際の売上に直結していくのです。

ノア・コーガンは300万ドルの広告費をFacebookに費やしてわかったこと[2-2]として、「他のマーケティング活動をやりきるまで、広告にお金を費やすべきではない」と述べています（もう少し前に気が付いてもよかった気がしますが……）。

流入とランディングページ

統合的なデジタル・マーケティングチームを作る上でも、顧客を明確にすることはとても重要です。

店舗にたとえるとわかりやすいでしょう。銀座の一等地にお店を出す場合と、渋谷の繁華街にお店を出す場合、単に人通りだけでは比較できません。

そもそも客層が全く違いますし、それに応じて店舗の内装や、価格設

2-2 ： Noah Kogan,"What I Learned Spending $3 Million on Facebook Ads",okdork.com, 2017.https://okdork.com/how-to-start-advertising-on-facebook/

定も変える必要があります。そして、必要な人材も全て違うのです。
この場合、内装や価格設定は、Webサイト（ランディングページ）に当たり、人材は広告運用者やWebデザイナーに当たります。

ランディングページ（LP）

狭義には、1ページだけのWebサイトを指します。広義には、広告やキャンペーンなどの着地先のページを示す際にも使われます。
LPを改善することを、「ランディングページ・オプティマイゼーション（LPO）」と呼びます。

たとえ流入する数が増えても、受け口がそれに見合っていなければビジネスの成功は見込めません。
ランディングページやWebサイトの評価には、図2-16のような指標が使われます。

図2-16　ランディングページに使われる指標

直帰率	1ページしか見ずに帰ったユーザーの割合。ページの少ないWebサイトほど低くなる
コンバージョン率	獲得した率。広告の問題であるケースもある一方、Webサイトに問題があるケースもある
閲覧ページ数	1セッション当たり、どれくらいのページ数が見られているかの指標。少なければ少ないほど直帰率も高い傾向にある
平均セッション時間	1セッション当たりにユーザーが滞留した時間。これが長ければ、ユーザーを引きつけるコンテンツがあるということになる

流入数だけを見ていては、その受け口となるWebサイトの重要性を見逃しかねません。これらの指標についても、分析ツールで定期的に確認していくことが重要です。

2-5

マーケティングをはじめる前に❺
―― ブランドを定義する

ブランドというと、大企業をイメージするかもしれません。しかし、ブランディングは中小企業にこそ重要なものです。中小企業やベンチャーこそ、今からブランドを定義しましょう。

媒体の違い ―― 食べログとホットペッパー

ブランドとはなんでしょうか。ルイ・ヴィトンやフェラーリだけではありません。我々が普段選ぶ、ほとんどのものにはブランドが存在します。

ビールを例に挙げましょう。200円から300円くらいの製品ですが、キリン、アサヒ、サントリー、エビス、サッポロなど、各社によって全くブランドが異なっています。

なぜ、あなたは今日このビールを選んだのでしょうか？　もし明確な理由がなかったとすれば、それはブランドのおかげかもしれません。

飲食店を経営しているとします。「食べログとホットペッパー（あるいはぐるなび）のどちらに注力すればいいのか」という決定を下すとき、ブランドを定義することが重要になります。

例として、カカクコムの運営する「食べログ」とリクルートの運営する「ホットペッパー」を挙げます。この2つは、類似サービスでありながら、サービス自体が対象としている顧客も、顧客に届ける価値も、全く異なっています。

食べログは、いわゆるCGM型（顧客が自分で情報を投稿する）の媒体です。顧客は、ユーザーの投稿による口コミを知ることができます。「口コミで評価の高い店」ほど多くの集客ができる仕組みです。

必然的に、食べログは比較店の「味」や「雰囲気」の良い店が集客しやすくなります。加えて、飲食店が自ら食べログなどのプラットフォームに登録し、情報を提供することで、顧客は自分の好みに合った店舗を探すことができます。

このとき、どういった情報を提供すればいいでしょうか？　ある程度高級で、味や雰囲気を気にする顧客が多いのであれば、内装や料理の写真、どれだけ美味しいのか、などの説明が必要でしょう。食べログというプラットフォームには、高級志向の顧客も一定数いると推定されます。

一方、競合サービスであるホットペッパーは、主にクーポンなどの割引を中心に掲載しています。これは「できるだけお得に利用したい」という顧客の需要に合わせたものです。

このような媒体に出稿するのは、チェーン展開している居酒屋などが多いでしょう。つまり、味やサービスよりも割引や利便性などを重視する顧客が多いはずです。このように似たサービスでも、利用すべき店や対象となる顧客は全く違います。

失敗事例——グルーポン

顧客を選べなかった反面教師として挙げるのは、かつてアメリカで急成長を遂げたグルーポン（Groupon）です（図2-17）。

「フラッシュマーケティング」という手法を用いたグルーポン[2-3]は、2009年にサービスがスタートし、1年ほどで8カ国以上に展開するなど、急成長を遂げました。彼らが提供する価値は「普通よりはるかに安い金額でクーポンを提供する」というものです。多くの顧客の心をつかみ、

2-3：Business Resource Center,“The History of Groupon”,GROUPON Merchant. https://www.groupon.com/merchant/article/the-history-of-groupon

図2-17　グルーポンの仕組み

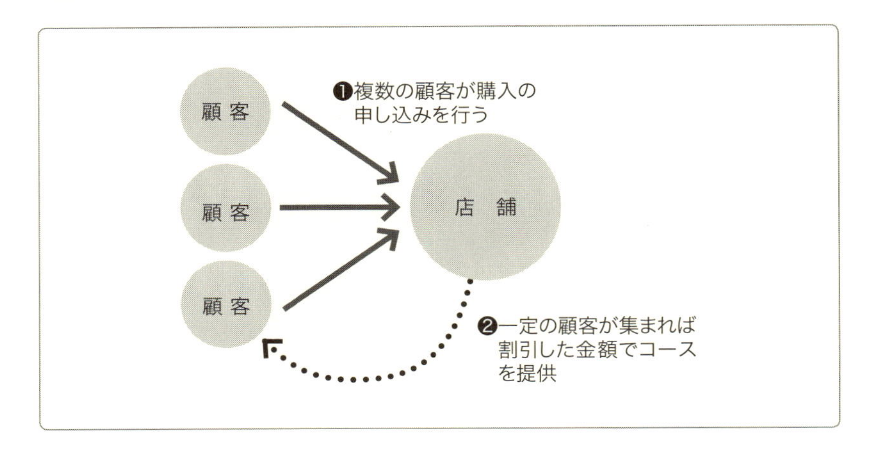

短い期間で大きな成長を遂げました。一見、これはPart 1でご紹介したクラウドファンディングに似ています。

一方、グルーポンが店舗に対して行ったのはセールスに近いものでした。「これだけの顧客がいる。成長している。だからクーポンを出してくれ」という形で様々な企業からクーポンを募りました。しかし、ここに落とし穴がありました。

お店にとって、グルーポンは価値があるように思えました。なぜならば、初回割引した顧客がその後も常連になると考えたからです。しかし、グルーポンを使って初回割引で来店した顧客のうち、常連になった顧客は多くありませんでした。

「顧客はできるだけ安くコースを頼みたいので、クーポンのないお店には行かない」

「お店は来店していただき、常連になってほしい」

これは、グルーポンが顧客選択を間違えた好例（？）でしょう。**エンドユーザー（消費者）にとってよいサービスだからといって、店舗にとってその顧客がよい顧客であるかどうかはわからないのです。**

ブランドを作る❶ —— Facebook

ブランディングについて、わかりやすい事例を挙げます。Facebookの事例です。今や日本だけで2,800万人のアクティブユーザーがいる[2-4]巨大なSNSです。

当初、Facebookへの登録は、創業者のマーク・ザッカーバーグと同じハーバード大学の学生のみに限定されていました。

一般的には、もしソーシャルメディアを作成したら、できるだけ多くのユーザーに登録してほしいと考えるものです。

しかし、ザッカーバーグは違いました。ソーシャルメディアにとって一番重要なのは、「つながりたい人がそのサービスに登録しているかどうか」という点にあると考えたのです。

だからこそ、ザッカーバーグはハーバード出身者のみが登録できるサービスにしたことで、「ハーバード出身者だけが使えるSNS」としてブランドを定義し、正しい顧客のみにアピールすることができたのです。

顧客の選択は、1つのサービスの成否を決めるほどに、重要な要素だということがこの例からもわかります。

ブランドを作る❷ —— Google

もっともわかりやすい例は採用でしょう。ここで採用とマーケティングの関係を考えることで、ブランド構築の重要性について説明します。

企業が人材を採用する際、重要視すべきことは「数」よりも「質」で

2-4 ： 総務省「平成29年度情報通信白書」2017年。
http://www.soumu.go.jp/johotsusintokei/whitepaper/ja/h29/html/nc111130.html

す。仮に、1万人の候補者が来たとしても、採用したい人材がいなければ、採用する意味はありません。

そこで、自社が求める人材を採用するために、ユニークなアプローチ方法で採用活動したのがGoogleです。下記にあるのは、実際にGoogleが採用広告に載せた文言です。

Googleが高速道路に出した採用広告の看板に書かれていた文言

{first 10-digit prime found in consecutive degits of e}.com
自然対数の底"e"の中で最初に出てくる連続した10桁の素数.com

実は、この答えはURLになっています。この採用広告に書かれた問題を解ける人間だけが、Googleの採用試験に応募できるという仕組みです。

この広告からは、「私たちが必要としているのはこの問題を解ける数学的能力を持った人間だけなのだ」という強烈なメッセージが伝わってきます（私は解けません、ちなみに）。

ブランディングとは、自社のビジネスにとって必要な顧客にターゲットを絞ってリーチするための方法であることが、おわかりいただけるのではないでしょうか。

ブランドを作る❸——Apple

顧客に「選ばれる」方法について考えるならば、Appleは最高の事例でしょう。

はじめにパーソナルコンピュータという市場を切り開いたのはAppleでした。しかし、その後、市場を独占し続けたのは競合であるWindowsです。

Appleは、まさにWindowsという「帝国」と戦い続けたのです。

Windowsが常にナンバーワンであり続けたため、Appleはそれとは別の軸、つまり「選ばれる」ための「オンリーワン戦略」を取りました。

それは、AppleのテレビCMからもわかります。

1983年、アップルコンピュータの取締役会は紛糾していました。広告代理店が提案してきたCMが、あまりにも強烈で個性的だったからです。

CMの内容は、灰色の服を着た人たちが、テレスクリーンに向かっているところに、ハンマーを持った陸上選手がやってきて、スクリーンを打ち壊す、というものです。ちなみに監督は、映画『ブレードランナー』など、数々の傑作を生み出したリドリー・スコットです。

結局、創業者の2人の後押しにより、CMはスーパーボウルの間に放映されることになりました。

のちに「1984」と名付けられたこのCMは、世間で大反響を巻き起こし、雑誌「Advertising Age」に「10年で最高のコマーシャル」として選ばれました。

また日本でも放映された次のCMでは、カジュアルな格好のイケてる男性が「Mac」、少し野暮ったいスーツ姿の男性が「PC」に扮して、こんな会話を繰り広げます。

Get a macキャンペーンのCM

「はじめましてパソコンです」
「はじめましてMacです」
「でも、あなたもパソコンですよね」
「みんな、僕をMacと呼ぶんだよね」
「何かあなただけ特別じゃないですか、友達みたいで」
「みんな、家で僕をプライベートで使うから親しみやすいのかな」

「MacはPCとは違う」というメッセージを軸に、Appleのコンピュータを使うことは、洗練されていて、カジュアルで、新しいライフスタイルを示している、とCMで主張したのです。

それでは、なぜこのような「オンリーワン戦略」が重要なのでしょうか？

もし、「PCなんてなんでもいい」という顧客の場合、大半は一番売れていて、評価の高いPCを選ぶに違いありません。

しかも現在では、製品について顧客はインターネットで他の顧客のレビューを参考にすることができます。

顧客が「口コミの評価が高い方」「値段の安い方」を基準に製品を選ぼうとすれば、必然的に特定の製品のみ「一人勝ち」してしまいます。しかし、「オンリーワン戦略」を採用することで、「PCの中でどれを選ぶか？」という選択の前に、「PCを買うか、Macを買うか？」という選択をさせることができ、他の製品と比較する前に顧客はMacを選んでくれるかもしれません。

ナンバーワンになれない製品や企業は、オンリーワンを目指すべく、キーメッセージを設定し、「この製品がどのような点で他の製品と比べるまでもなく優れているのか」を、主張していかなくてはいけないのです。

2-6

マーケティングをはじめる前に❻
――ボトムアップのチームを作る

最後に、チームの意思決定プロセスについて考えます。上手くいくマーケティングチームと、上手くいかないマーケティングチームには、どのような点に違いがあるのでしょうか？

トップダウンからボトムアップへ

Google創業者のラリー・ペイジ、Facebook創業者のマーク・ザッカーバーグ、Microsoft創業者のビル・ゲイツ。彼らの共通点は何でしょうか？

それは、彼らが製品を開発して、生み出したエンジニアでもあるということです。言い換えるなら、彼らは誰よりも製品について詳しいのです。

デジタル・マーケティングにおいても、「現場感」と呼ぶべきものがとても重要です。日本企業では、マネジメント層が必ずしもコアにインターネットを利用していなかったり、届けたい顧客の行動を理解しきれないことも多くありますが、これではなかなかデジタルに関わる判断を下すのが難しいでしょう。

スターバックス創業者のハワード・シュルツは、店舗でチーズ入りのサンドイッチを売りはじめてコーヒーの香りが消えたとき、スターバックスは何かがおかしくなってしまったことに気付いたそうです。

当時のスターバックスは効率化と利益追求のため、サンドイッチだけではなくぬいぐるみやCDまで売りはじめ、店でコーヒーを挽かなくなっていました。そのため、見た目の数字はよくなっていましたが、実際には顧客の心が離れていったのです。

このように、「現場」で何が起きているのかを知ることは、問題を発見するために重要なことです。

ソーシャルメディアについて考えてみましょう。私も時々、「うちで運用しているInstagramについて改善してほしい」という依頼をいただくことがあります。

そういうとき私は、Instagramユーザーの社員に、会社のアカウントの改善点を話してもらいます。すると、驚くほど的確に改善点を挙げてくれます。

重要なのは、一番理解している人に権限を委譲し、「一番理解している人」が意思決定できる環境を作るということです。

上意下達で「これを投稿しろ」「これをやれ」というような体制では、デジタル・マーケティングは決して上手くいきません。

とはいっても、現場に権限を与えるのは、簡単なことではありません。実際、WebサイトやSNSが「炎上」してしまうリスクもあります。しかし、デジタル・マーケティングの領域では、現場の人間が一番顧客をよく知っているのも事実です。

顧客やユーザーに近い人に権限を与える。これを行うことが、企業のマネジメント層には、今求められています。

現場からのフィードバックを受けて、「走りながら学ぶ」ことが重要なのです。

広告代理店任せからの脱却

日本では、デジタル・マーケティング（やマーケティング）は、イコールで広告である、あるいは広告代理店が行うものであると捉えられている節があります。

しかし、広告はマーケティングにおける1つの手法に過ぎません。

マーケティングを広告中心に考えるという思考は、日本における広告代理店の立ち位置と密接に関わっています。

テレビ番組とテレビCMが絶大な影響力を誇っていた時代から、総合広告代理店はテレビCMの枠を販売する代わりに企業のマーケティング機能そのものを代行してきました。そのため、日本では社内にマーケティングチームが充分に整備されなかったのです。

しかし、図2-18を見てもわかるように、インターネット広告は急速に成長し、2010年には新聞を抜くまでになりました。

テレビCMと違い、デジタルは企業が自社で戦略を作らなければ充分には機能しません。

図2-18 媒体別広告費

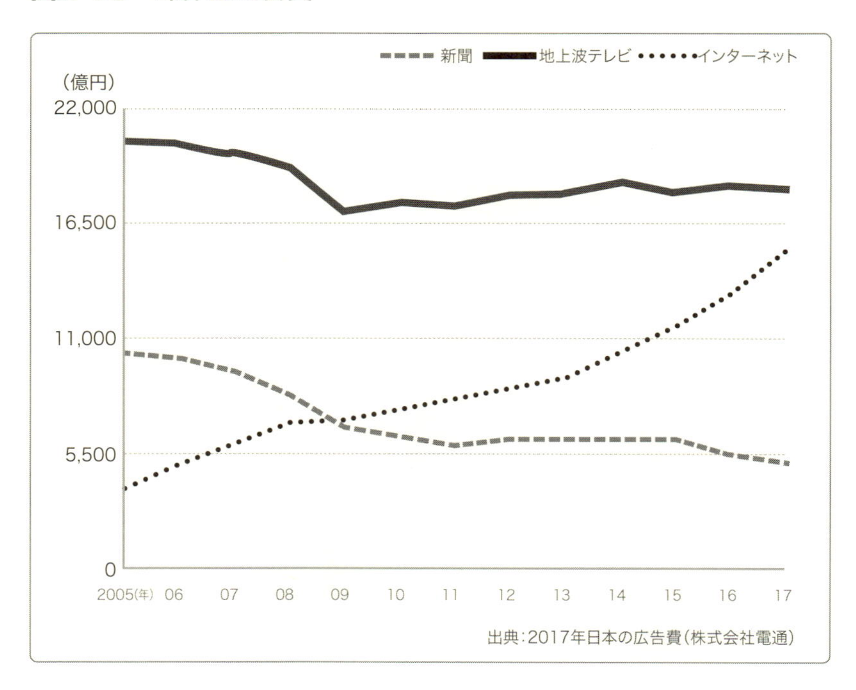

出典:2017年日本の広告費(株式会社電通)

あらゆる手法の中にインターネットが入り込む現代において、丸投げや他社まかせで成功することは難しいでしょう。

「デジタル・マーケティングは自社でコントロールできるマーケティング手法である」という前提を組織で共有しない限り、強力なチームを作ることはできないのです。

パラダイムの変化を捉え、機敏に反応できるマーケティング組織を自社に作ることが重要です。

まず行動が必要な時代

アメリカの社会学者、カール・E・ワイクは、著書『センスメーキング イン オーガニゼーションズ』の中で、「21世紀は『センスメーキング』の時代だ」と述べています[2-5]。

20世紀はじめ、ハンガリー軍がアルプス山中で行軍していたときのことです。偵察隊が本体から離れた途端、雪が降りはじめました。2日間道なき道をさまよい、死を覚悟したとき、偶然にも1人の隊員が地図を発見したのです。

この地図のおかげで、なんとか3日目、生還できたのです。しかし、生還した後にその地図を見て驚愕しました。その地図はアルプスではなく、ピレネーの地図だったのです。

地図は結果的には間違っていたわけですが、その地図によってその場に留まることなく、行動できたことが隊員の生還につながったのです。

これをワイクは「センスメーキング」と名付け、「優れた経営者は、完全に正確な認知など必要としない」と述べています。

デジタル・マーケティングのような変化のスピードが速い領域では、全

2-5：カール・E.ワイク（著）、遠田雄志、西本直人（翻訳）『センスメーキング イン オーガニゼーションズ』文眞堂、2001年

てを完全に把握するまで動かないのは、致命的な失敗要因になり得ます。

分厚い企画書は失敗の元

広告代理店やコンサルティング・ファームに頼んで、完璧に見える分厚い企画書を作ってもらうことは、気持ちを安心させる効果はあるかもしれませんが、ほとんど意味はありません。

企画書が厚くなれば厚くなるほど、社内で学ぼうという気持ちは薄れ、「おまかせ」するようになります。これは、無意味なだけではなく有害です。

さらに、そのような「説明コスト」が積み上がれば、実際に運用するために掛けられるリソースもどんどん減っていきます。

先ほど述べたとおり、デジタル・マーケティングは不確実性にあふれています。どれほど優秀で経験のあるマーケターでも、明確で具体的な戦略を作るのは簡単ではないのです。

むしろ、その時間をテストに使って実際の数字を確かめたほうが、より正確な数値が出るはずです。

デジタル・マーケティングに関しては、**企画書の厚さと、チームとしての強さは反比例する、と言っても過言ではありません。**クライアントに知識がなく、クライアントが広告代理店とも信頼関係が築けていないのであれば、そのマーケティングは失敗するでしょう。

重要なのは、広告代理店にお願いするにしても、同じ言葉で話し合えるということです。

ただ、第三者に「おまかせ」しているだけでは、自社にとっての最高のプロモーションは実現しません。

時として、プロフェッショナルを使うことも大切ですが、それ以上に大事なのは使う側の理解力です。

現場に権限を与える

デジタル・マーケティング、とくにソーシャルメディア・マーケティングにおいて重要なことは、「現場に権限を与える」というエンパワーメントの発想です。

2011年3月に起きた、東日本大震災を例に挙げます。この未曾有の災害では、デジタルの力を使って「現場判断」で様々なことが行われました。

たとえば、NHKのツイッター担当者（@NHK_PR）は震災当時、ある決断を下しました。それは、Ustream（動画配信サービス）を使って、無許可でNHKの映像を配信していた中学生のツイートを、NHKのTwitter担当者がリツイート（引用）したのです。当時、ユーザーからの返信に対してこうつぶやいています[2-6]。

> 停電のため、テレビがご覧になれない地域があります。人命にかかわることですから、少しでも情報が届く手段があるのでしたら、活用して頂きたく存じます（ただ、これは私の独断ですので、あとで責任は取るつもりです）。

震災時にソーシャルメディアに携わる人で、同じように決断を下した人は多くいました。Googleのクライシスレスポンスチームは、12年に当時の状況をこのように記しています[2-7]。

2-6 ： https://twitter.com/NHK_PR/status/46128437441736704
2-7 ： 林信行、山路達也「東日本大震災と情報、インターネット、Google　数多くの英断が生み出した、テレビ番組のネット配信」Google Crisis Response、2012年。http://www.google.org/crisisresponse/kiroku311/chapter_10.html

長谷川は混乱のまっただ中、オフィスへと戻った。この頃、すでにクライシスレスポンスチームは動き始めており、チームメンバーが興奮状態で議論を続けていたが、長谷川もそこに首を突っ込んで事態の把握に務めた。（中略）

すぐにできる、もっと大事なことがないか？　そこで長谷川が思いついたのが、YouTubeを使ったテレビ番組の配信だった。

長谷川は自宅待機中に、UstreamでNHKの番組が配信されるのを見ていた。YouTubeは、すでに多くのテレビ局とコンテンツパートナー契約を結んでいるので、こうした局と交渉をすれば合法的にサービスの提供ができるのではないだろうか。

YouTubeのプロダクトマネージャーだった長谷川泰氏は、この後TBSなどテレビ局との調整、そしてアメリカ本社との調整を行いました。

彼はこのように語っています。

本来の社内プロセスがどのくらい重いかわからなかったけれど、とりあえず始めるしかないだろうと思ったんです。翌朝、もし本社がダメだって言ったら、その時点で止めればいい。とりあえず今始めようと。

後に、この決断はアメリカ本社からも追認されましたが、この時点では、全く先行きのわからない中での決断でした。

part

3

広告なんて、誰も見ていない？

——デジタル時代の「RAM-CE」フレームワーク

3-1

フレームワークはなぜ必要なのか

ここからは、具体的なデジタル・マーケティングのはじめ方や、ツールの選び方について考えていきます。はじめに、フレームワークの必要性と、本書で提案する「RAM-CE」フレームワークについて説明します。

マーケティングにおける様々なフレームワーク

有史以来（というほど歴史があるわけではありませんが）、マーケティングの世界では様々な戦略・フレームワークが誕生してきました。

もっとも有名なのは、「AIDMA」と呼ばれるフレームワークです。これは、顧客の購買までのプロセスを次のような順でフレーム化したものになります。

また、さらに検索時代に適応したフレームワークとしては、株式会社電通などが開発した「AISAS」もあります。

図3-1は、AIDMAとAISASのそれぞれのプロセスを示した概念図です。

図3-1　AIDMAとAISAS

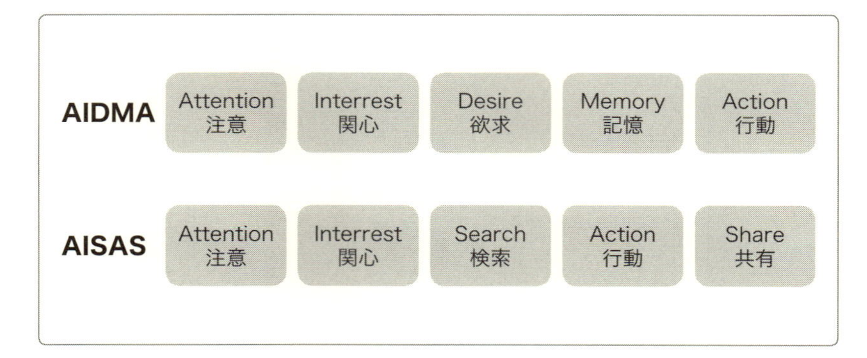

「RAM-CE」―― マーケティングフレームワーク

本書を執筆するにあたり、私はデジタル時代に適応したフレームワークとして、「RAM-CE(ラムセ)」を考案しました。

RAM-CEは、より適切に様々なデジタル・マーケティング戦略を考えられるように作られたフレームワークです(図3-2)。

RAM-CEフレームワークの特徴は、それぞれのポイントにチェックポイントがあるという点です。

たとえば、顧客がきちんと記憶しているかどうかについては、指名キーワードの検索数を見ればいい、というふうな具合です。

図3-2 RAM-CEフレームワーク

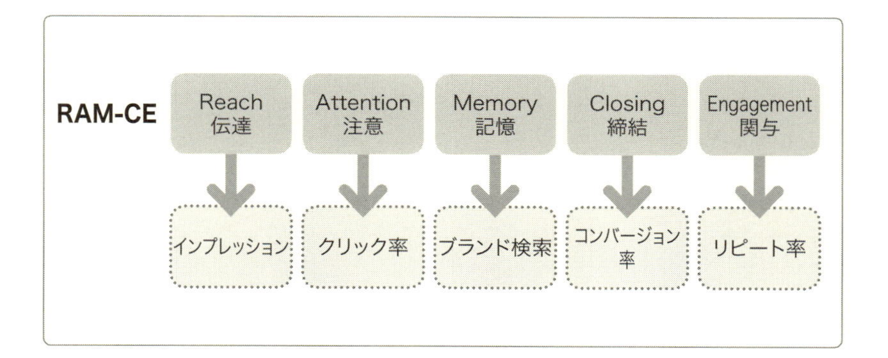

3-2

プロセス❶
——Reach（顧客に届ける）

「顧客に届ける」。有史以来、広告業とはこのために存在しました。誰にも知られていない商品を売ることはできないからです。現代において、いったいどのようにすれば、商品を顧客に届けることができるでしょうか。

情報過多の時代

1938年、アメリカの人々が恐れおののく事件がありました。ラジオから「火星人が攻めにくる」というニュースが流れてきたのです。そのニュースに人々は驚き、暴動を起こした（……という説もあれば、そこまでではなかったという説もありますが）と言われています。

もちろんこれはニュースではなく、H・G・ウエルズの『宇宙戦争』というラジオドラマでした。

現代にこれと同じことが起きたとすれば、どのようになるでしょうか？　1930年代、ラジオは最先端の媒体でしたが、今ではテレビ、Twitter、YouTubeなどの媒体から自分に適した媒体を自由に選択できるようになっています。ですから、現代では1つの番組に人々が影響される、ということは考えにくいのではないでしょうか。

人間はそれほど進歩していませんが、情報量は飛躍的に増加しています。

総務省が平成21年に「情報流通インデックス」という指標を作成し[3-1]、人間が消費可能な情報量に対して、流通している情報は圧倒的に増えている、ということを明らかにしています（図3-3）。

もちろん、もっとも増加しているのはインターネット上の情報です。この情報洪水の中で顧客に情報を届けるのは、それほど簡単なことではありません。

図3-3　情報流通インデックス

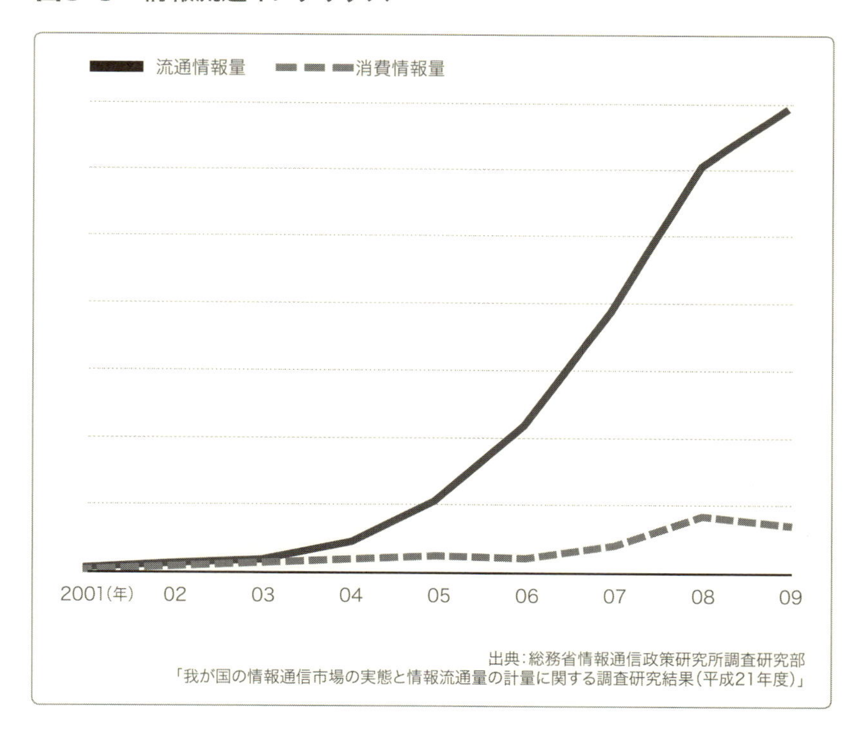

3-1：総務省情報通信政策研究所調査研究部「我が国の情報通信市場の実態と情報流通量の計量に関する調査研究結果（平成21年度）―情報流通インデックスの計量―」平成23年。http://www.soumu.go.jp/main_content/000124276.pdf

トリプルメディア戦略

デジタル・マーケティングにおいて顧客にリーチする手段を分類する場合、一般に「トリプルメディア」という概念が利用されます。トリプルメディア戦略とは、次の3つの媒体を組み合わせた戦略です。

オウンドメディア（Owned Media）

ブログや自社媒体など、自社で「保有（Owned）」している媒体です。引用されたり、SNSで拡散されたり、検索されることによって、自社のトラフィック数を増やします。

ペイドメディア（Paid Media）

ペイドメディアは、広告やPR記事など、お金を払って利用する媒体です。

アーンドメディア（Earned Media）

アーンドメディアは、ブログや他社媒体の記事など、自社でコントロールできない媒体で、信用や評判を獲得することです。

通常、これらの3つに「シェアドメディア（Shared Media）」を加えたものが、「トリプルメディア＋1」などと呼ばれ、利用されています。

図3-4　トリプルメディア（＋シェアドメディア）の概念図

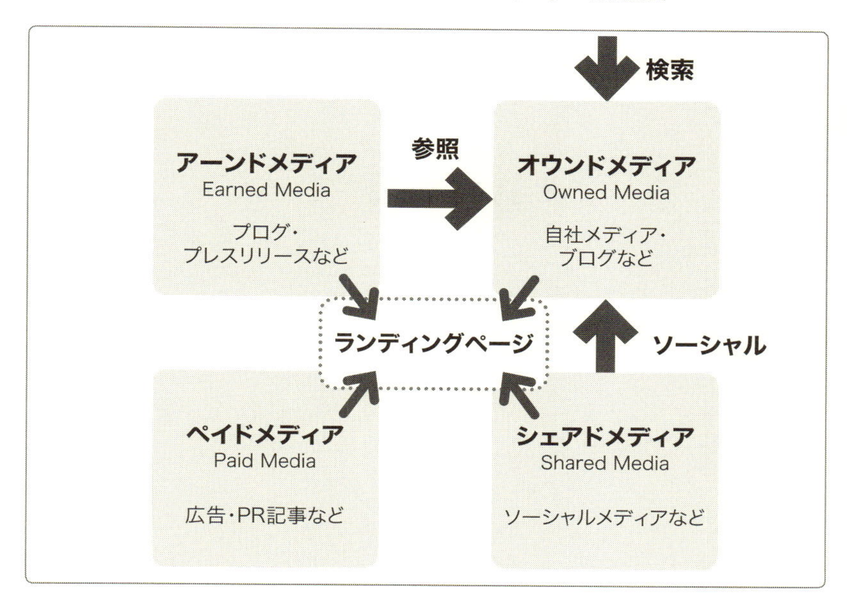

図3-4はトリプルメディア＋1の概念図です。オウンドメディアは検索流入などが見込める他、アーンドメディアからの流入もあるでしょう。

重要なことは、どのような流れで顧客にリーチするか、ということを把握し、自社でコントロールできる資産がどこにあるかを常に考えておくことです。

一般的にデジタル・マーケティングを使って顧客を獲得する場合、「コンテンツを作り検索流入を狙う」「SNSなどの拡散やバズを狙う」「広告を使ってリーチする」などの手法が考えられます。

トラフィック（流入）を分けてみる

すでに「Google Analytics」を利用している場合、「集客」タブを見てみましょう。利用していなければ、ぜひこの機会に登録してみてください。

Google Analytics（https://analytics.google.com/）

世界でもっとも使われているWeb分析ツールです。無料で使うことができる他、有料・高機能版のGoogle Analytics 360（旧Google Analytics Premium）もあります。

リアルタイム分析など、様々な機能があり、特に有料ツールを使わなくても、機能を充分に理解していればこれだけでも大丈夫。

全世界で、3,000万〜5,000万ほどのWebサイト[3-2]が利用していると推定されています。

Google Analyticsが定義する集客には、図3-5のような種類があります。

図3-5 Google Analyticsが定義する集客の種類

ノーリファラー（ダイレクト）	ブックマークやお気に入りなどからの流入、直接URLを叩いてのトラフィック、アプリからの流入など、正確に参照元がわからないトラフィック
自然検索	有料ではない検索（Google、Yahoo!、Bingなど）
有料検索	お金を払った検索（リスティング広告）
ディスプレイ広告	検索以外の広告からの流入
参照（リファラー）	他のWebサイトにリンクされたURLからクリックして流入したトラフィック
ソーシャル	Twitter、FacebookなどのSNSからの流入
メール	EメールのURLをクリックしての流入

3-2 : Matt McGee,"As Google Analytics Turns 10, We Ask: How Many Websites Use It?" ,Marketing Land,2015.
https://marketingland.com/as-google-analytics-turns-10-we-ask-how-many-websites-use-it-151892

トラフィック・ポートフォリオを作る

トラフィックには種類がありますが、このトラフィックの種類によっても様々な性質があります。

長期的に獲得できるトラフィックと短期で上昇するトラフィックを組み合わせることで、ポートフォリオを組んでみましょう（図3-6）。

図3-6　トラフィック・ポートフォリオ

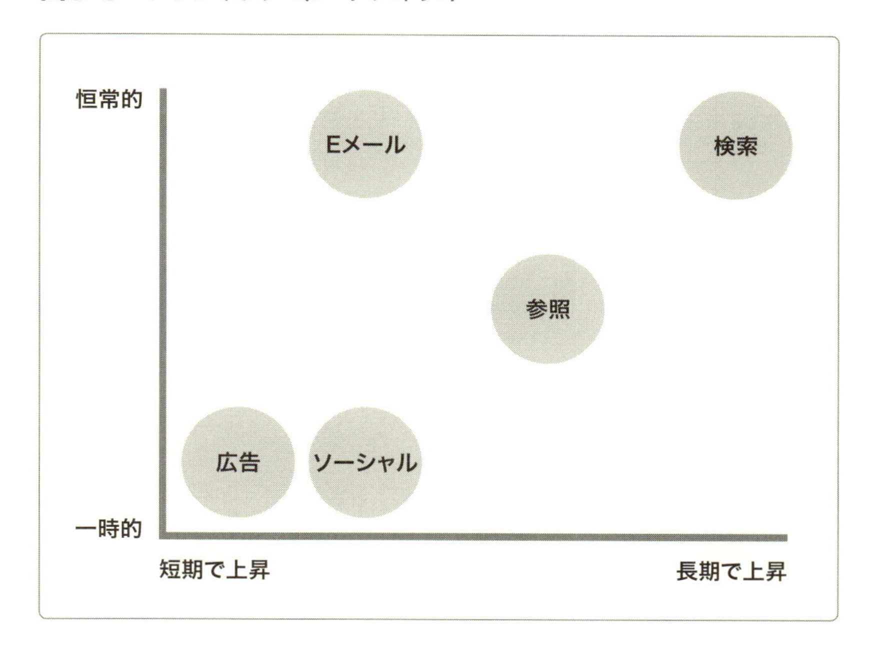

次に、トラフィックの種類を解説します。

検索トラフィック

安定してトラフィックが獲得できる流入ソースです。

とりわけ、検索数の大きなキーワード（ビッグキーワード）で上位を獲得できている場合、安定して集客可能です。

参照トラフィック

他のWebサイトに張られたリンクから流入したトラフィックです。比較的安定しているものの、ニュースサイトなどであれば、そのニュース自体の鮮度が落ちた場合トラフィックがほとんどなくなってしまうという欠点があります。

ソーシャルトラフィック・Eメールトラフィック

ソーシャルメディアのトラフィックは、2種類あります。

Twitter やFacebook、はてなブックマークなどで大きく拡散されれば、普段全くトラフィックのないWebサイトでも瞬間的に多くのトラフィックを獲得できる可能性があります。

一方、ソーシャルメディアのフォロワーや購読者、あるいはメールマガジンの購読者を増やすことができれば、定期的に安定したトラフィックを獲得できるでしょう。

広告トラフィック

　広告トラフィックは、有料で獲得したトラフィックです。これらは、広告予算がなくなれば基本的には流入がストップします。
　しかし、たとえばユーザー登録、ソーシャルメディアのフォロー、アプリインストールなど、仕組みがあれば、一定の再訪を促すことができます。
　また、広告トラフィックは、予算さえあれば、ある程度増加させることができます。

トラフィックの種類を確認しよう >

今の自社Webサイトは、どのような状況になっているでしょうか？

①ノーリファラーが多い

いろいろなケースが考えられます。まだ立ち上がりの段階で、内部からのトラフィックが多い可能性もありますし、サーバー側のリダイレクトなどでリファラーが抜け落ちるなど、何らかの異常があるケースも考えられます。

また、アプリからのアクセスも正確に取れないことが多いため、ノーリファラーが高まるケースもあります。

②検索トラフィックが多い（指名キーワード）

指名キーワードがほとんどであるケース。これは、商品などの知名度はある程度あるものの、Webサイト上のコンテンツが少ないのかもしれません。

③検索トラフィックが多い（指名キーワード以外）

これは、商品やサービスの認知度は低いものの、その他の記事などで一定の流入が取れているケースです。認知度が低い場合、より顧客の記憶に残すことが重要です。

④広告が多い

広告に流入の大半を依存している場合、リピート率がどの程度あるかによって健全性は変わります。広告で獲得した顧客の中で、一定程度リピートできている場合や、もちろん売上などで獲得できている場合は問題ありませんが、ほとんどリピート率がない場合、認知獲得にも寄与していないと言えるでしょう。

⑤リファラー（外部リンクからの流入）・ソーシャル流入が多い

リファラーが多い場合、すでに外部リンクからの流入を獲得できているため、検索流入が向上するポテンシャルが充分あります。

また、ソーシャル流入が多いケースは、一時的に記事などが拡散しており、長期的な流入にはつながっていないケースもあるので、注意が必要です。

最後に、各種有名Webサイトの推定トラフィックの割合を確認してみましょう。SimilarWebで調べてみます[3-3]（図3-7～図3-10）。

3-3：数値は全て2018年3月時点のものです。また、外部サイトのため、数値は正確ではない可能性があります。

図3-7　Yahoo! Japan（yahoo.co.jp）の推定トラフィック割合

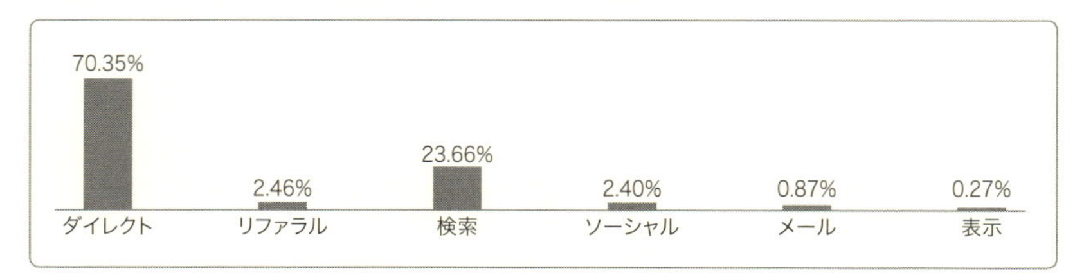

Yahoo! Japanはダイレクトのトラフィックが非常に多いです。検索が少ないのも特徴です。Yahoo!のURLをブラウザのホームページにしていたり、ブックマークしている方が多いのでしょう。

図3-8　クックパッド（cookpad.com）の推定トラフィック割合

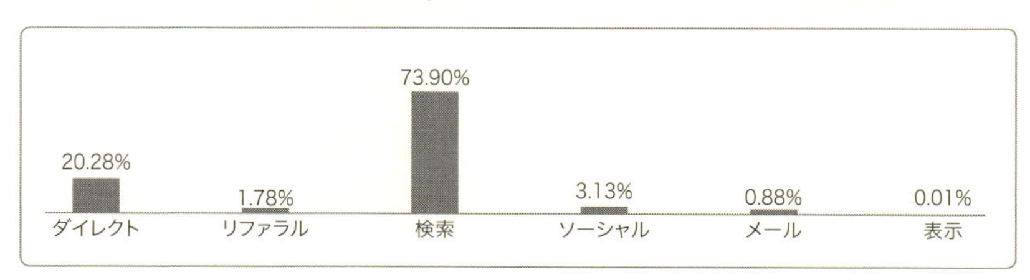

クックパッドは非常に検索流入が多いWebサイトであることがわかります。

競合の楽天レシピ（recipe.rakuten.co.jp）は、検索が67%でした。それを踏まえると、73.9%という数値はかなり多いと考えられるでしょう。

図3-9　楽天（rakuten.co.jp）の推定トラフィック割合

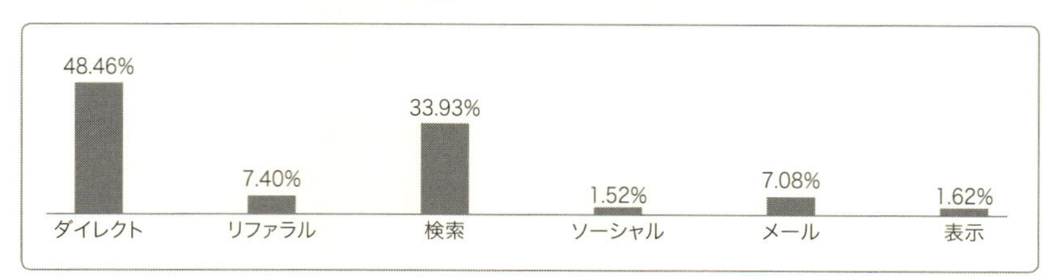

楽天は検索からリファラル、ダイレクトまで、非常にバランスのよい構成です。

競合のAmazon（amazon.co.jp）も同じようなトラフィック構成になっていますが、楽天はメールが7%（Amazonは1%程度）あるということが特徴でしょうか。

図3-10　朝日新聞（asahi.com）の推定トラフィック割合

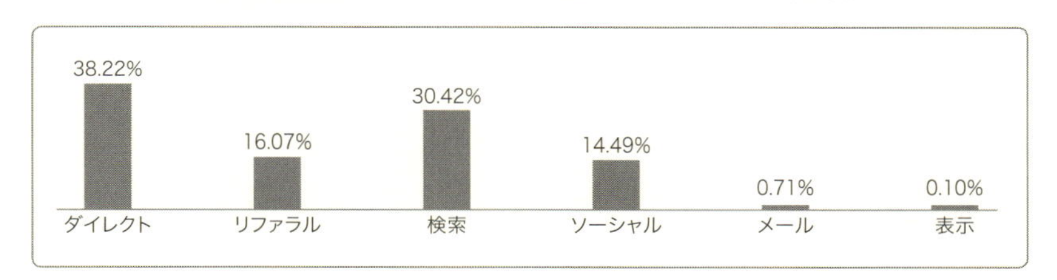

朝日新聞はニュースサイトとしては珍しく、検索よりもダイレクトのトラフィックが多い構成になっています（競合の産経新聞は40%程度が検索）。有料会員が一定程度、定期的にアクセスしているということでしょうか。

また、ソーシャルで一定程度流入していることも見逃せません。

競合のWebサイトなどがあれば、トラフィックをきちんと確認することをおすすめします。どのように流入を確保するか？　は事前に考えておくべきです。

3-3

プロセス❷
——Attention（顧客の注意を引く）

「好きの反対は無関心だ」という言葉があるように、顧客にはまず関心を持たれなければいけません。では、顧客に対してあなたの商品をどのように届ければよいのでしょうか？

広告を出しても見られていない？

心理学者のティモシー・ウィルソンは、「適応的無意識」という概念を提唱しました（ティモシー・ウィルソン著、村田光二翻訳『自分を知り、自分を変える—適応的無意識の心理学』新曜社、2005年）。ウィルソンによると、**人間は1,100万ビットの情報を処理していますが、そのうち意識的に処理しているのは40ビットしかありません。**

オリコンの調査によると、20～50代の社会人がスマートフォンやPC、テレビなどのディスプレイを見ている時間は、平均で11時間にも及ぶそうです[3-4]。**社会人の大半の人が起きている時間のほとんど、ディスプレイに向かっていると言っても過言ではないのです。**

私たちは、日々大量の情報にさらされています。だからこそ、顧客の注目を集め、どのように関心をもたせるか？　という課題は、アナログの時代よりもはるかに重要です。

アメリカの調査会社、Harris Interactiveの調査によると[3-5]、63%がイ

3-4：東京ウォーカー（全国版）「PCやケータイを見る時間は1日11時間!“目の疲れ”を未然に防ぐ新アイテムも登場」KADOKAWA、2011年。
https://news.walkerplus.com/article/25064/

3-5：Harris Interactive, “Are Advertisers Wasting Their Money?”,CICION PR Newswire,2010.
https://www.prnewswire.com/news-releases/are-advertisers-wasting-their-money-111254549.html

ンターネット広告を無視し、43%がバナー広告を無視し、20%の人は検索エンジン広告を無視すると答えています。

これは、テレビ広告（14%）、ラジオ広告（7%）、新聞広告（6%）よりもはるかに大きな数字です。デジタルにおいては、あまりに情報が多すぎるのです。

20世紀のマーケティングは、もう少しシンプルでした。中小企業の多くは、マーケティングとは縁遠いものでした。また、広告媒体といえば、新聞、雑誌、ラジオ、テレビなどでした。

逆に言うと、テレビに流せば絶大な影響力がありました。その時代の方程式は、以下のようになります。

知名度（CM出稿量）　×　好感度

つまり、可能な限り多くCMを出稿して、あとは万人受けするような商品を作る、という大量生産（マス・プロダクション）の手法です。しかし、情報量が増えてしまった現代においては、すでにこのような方程式は成り立たなくなっています。

万人受けするものを作っていても、顧客が気にも留めない商品であれば、知名度が上がることもありません。「炎上マーケティング」と言われる、多少物議をかもしても知名度を上げさせる手法が台頭した理由はその点にあります。

クリエイティビティと顧客の注目

ここで少し歴史を振り返りましょう。

日本でもっとも古い広告は、引札と呼ばれるチラシ広告だと言われています。浮世絵衰退以降、江戸時代から大正時代にかけて様々な美しい引札が作られました。

図3-11の引札はすごろくのようになっていて、実際に遊べるように作られています。創意工夫が面白いですね。

新聞広告が生まれるまで、商人にとってチラシ広告は唯一の宣伝手段であり、創造性を発揮できる唯一の機会だったのです。

図3-11　引札（滑川市立博物館所蔵　八百屋物・魚仲買商　濱西米次）

滑川市立博物館提供

現代は、このような「テレビ以前」の時代に少し似ています。

広告の制作物は、顧客の注目を引くために極めて重要です。だからこそ、歴史的に様々な工夫がこらされてきました。

デジタル・マーケティングにおける広告クリエイティブは、技術的な進歩と並行して進化してきました。

かつては通信が安定していなかったため、広告もテキストが中心でした。そこから画像のクリエイティブが主流になり、動画へと移行していきます。

さらに、PC環境だけではなく、スマートフォンが中心になり、4Gの普及によって、スマートフォンやタブレットでも簡単に動画が楽しめる環境になりました。

私たちが目にするものはより多彩でリッチになっています。その中でより目を引くためには、クリエイティブもより複雑化していく必要があります。

「目」の写真は人の行動を変える?

クリエイティブによって、人の行動すら変えてしまう例を1つ紹介しましょう。

ニューカッスル大学の研究チームが行った調査によれば、人間の目が写されたポスターを見たグループは、そうでなかったグループに比べて

図3-12　「目」のポスターと、そうでないポスター

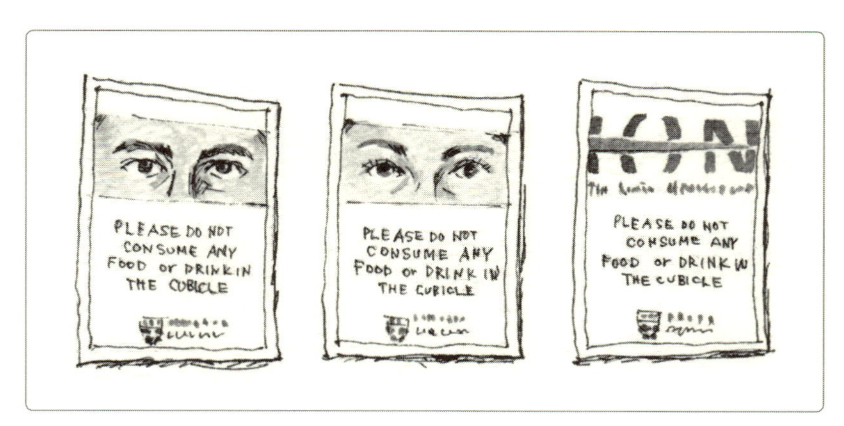

寄付する確率が上がったということがわかりました[3-6]（図3-12）。

それ以外にも、ゲーム中により寛大に振る舞う行動が増えたり[3-7]、大学のキャンパスでポイ捨てを減らす効果があったこともわかっています[3-8]。

視線の流れを理解する❶ —— Zの法則

Webでコンテンツを作る際、あるいは広告の配置を考える際は、人間の視線の動きを知ることがかかせません。これは、ユーザビリティの高いWebサイトを作るためにも役に立ちます。

ここでは、人間がコンテンツをどのように読んでいくのか、といういくつかの法則について確認していきましょう。

昔から印刷業界やWeb業界でよく使われる言葉に「Zの法則」というものがあります。これは、次のようにZを描きながら、人間の視線が移動するという法則です。

スクロールする場合、Zを描きながらジグザグに進んでいきます（図3-13）。左上から右上、右上から左下、左下から右下へ、というのは有名ではないでしょうか。

3-6 : Kate L. Powell, Gilbert Roberts & Daniel Nettle,“Eye Images Increase Charitable Donations: Evidence From an Opportunistic Field Experiment in a Supermarket”, Wiley Online Library,2012.
https://onlinelibrary.wiley.com/doi/abs/10.1111/eth.12011

3-7 : Daniel Nettle, Zoe Harper, Adam Kidson, Rosie Stone, Ian S. Penton-Voak and Melissa Bateson, “The watching eyes effect in the Dictator Game: it's not how much you give, it's being seen to give something”,Evolution&Human Behavior,2012.
https://www.ehbonline.org/article/S1090-5138(12)00089-X/abstract

3-8 : Melissa Bateson, Luke Callow, Jessica R. Holmes, Maximilian L. Redmond Roche and Daniel Nettle,“Do Images of ‘Watching Eyes’ Induce Behaviour That Is More Pro-Social or More Normative? A Field Experiment on Littering” ,PLOS,2013.
http://journals.plos.org/plosone/article?id=10.1371/journal.pone.0082055

この法則は、特に論文などで立証されているわけではありませんが、広く日本、そして海外で用いられています。

図3-13　Zの法則

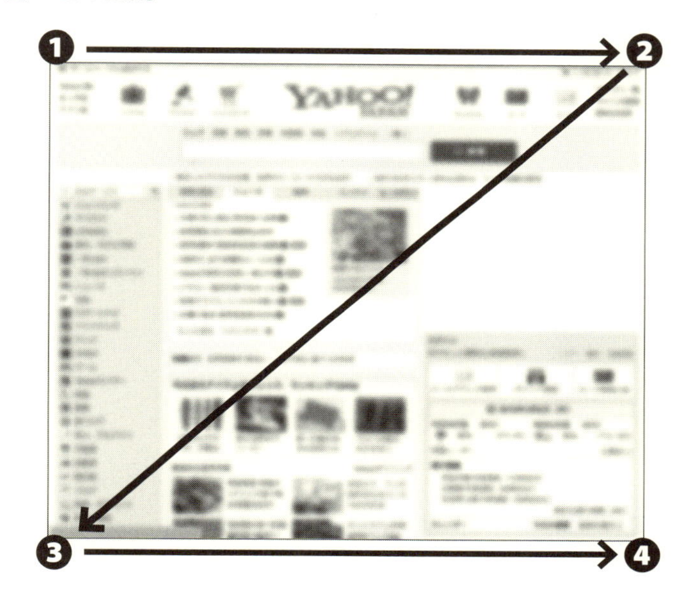

視線の流れを理解する❷——グーテンベルク・ダイヤグラム

「グーテンベルク・ダイヤグラム」は、かなり古くから使われている欧文書体における人間の視線の動きです。

視線は、左から右に流れていきますが、情報としては水平運動を繰り返しながら少しずつ移動していきます。つまり、❸や❹の領域にある情報は、一定程度読み飛ばされているというのがグーテンベルク・ダイヤグラムの基本的な考え方です（図3-14）。

これも、学術的に検証されているものではないのですが、Zの法則や、後のFの法則などともある程度重なる部分があります。「人間は多くの情報を全てきちんと読んでいるわけではない」というのがおわかりいただけるのではないでしょうか。

図3-14　グーテンベルク・ダイヤグラム

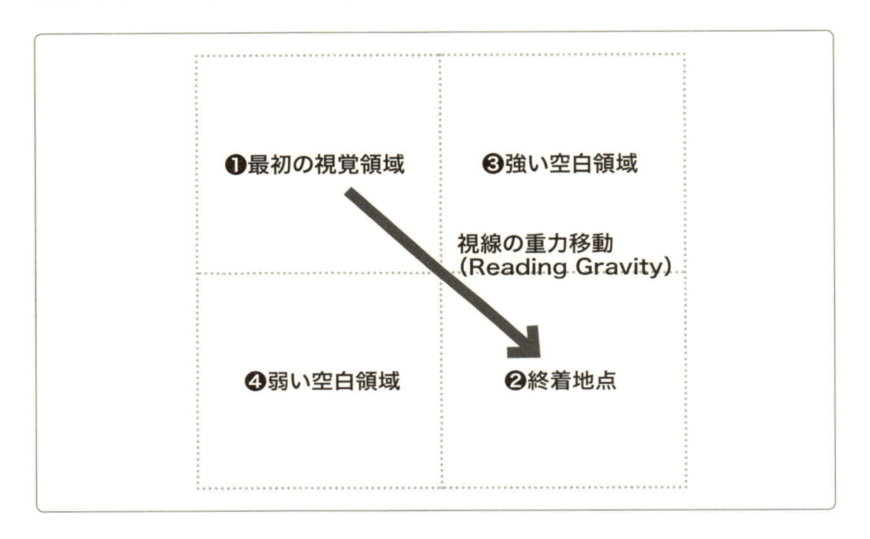

視線の流れを理解する❸ ―― Fの法則

2006年にニールセン・ノーマングループのヤコブ・ニールセン教授が、232人の顧客を対象に行った調査[3-9]によると、顧客がWebページを見るときは、Fを描くように見ていることがわかりました（図3-15）。

3-9 ：Jakob Nielsen,"F-Shaped Pattern For Reading Web Content（original study）",Nielsen Norman Group,2006.
https://www.nngroup.com/articles/f-shaped-pattern-reading-web-content-discovered/

図3-15　Fの法則

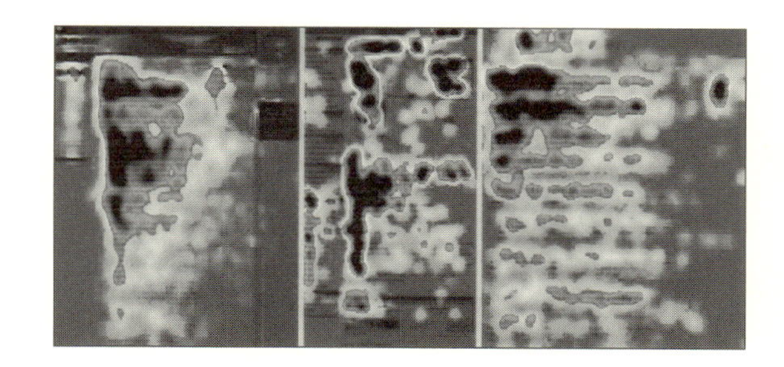

①顧客は、まず、コンテンツ領域の上部を横切って水平に視線が移動します。
②次に、ページを少し下に移動し、少し短く水平方向に視線を移動させます。
③最後に、顧客は、コンテンツの左側を素早く垂直方向に見ます。これは、素早いスキャニングで、全てを見ているわけではありません。

ニールセン教授は、顧客はテキストを単語ごとに完全に読むことはなく、最初の2つの段落でもっとも重要な情報を述べなければならない、と看破しています。

また、2017年にパーニス教授らによって行われた追跡調査[3-10]によると、Fの法則以外にも、様々な形のスキャニング（視線移動）が存在するということがわかっています。

今後も、モバイルデバイスやタブレット端末などの普及により、人間がコンテンツを消費するあり方が変わっていく可能性は充分あります。

3-10：Kara Pernice,"F-Shaped Pattern of Reading on the Web: Misunderstood, But Still Relevant (Even on Mobile)",Nielsen Norman Group,2017.
https://www.nngroup.com/articles/f-shaped-pattern-reading-web-content/

3-4

プロセス❸ ――（Memory）顧客の記憶に残す

顧客の注目を集めたとしても、顧客の記憶に残らなくては意味がありません。現代では、あまりに多くのことが私たちの興味を引きます。いったい、どのようにすれば、私たちの名前を覚えてもらえるのでしょうか？

記憶に残ると何が起こるのか？

「詳しくは、ネットで検索！」こんなCMをご覧になったことがあるはずです。Web検索に誘導するタイプのCMは、2005年くらいから見られるようになりました。このような誘導型のCMは、誘導しないCMに比べ、Web検索の上昇率が2.4倍にのぼるという調査[3-11]があります。

自社の商品名や会社名で検索された検索キーワードを「指名キーワード」と呼びます。

この指名キーワードの検索回数は、非常に重要なデジタル・マーケティングの指標の1つです。

図3-16は、Google Trendsで見た「コカ・コーラ」と「ペプシコーラ」の検索回数の比較（2018年3月時点）です。

図3-16 Google Trendsによる比較

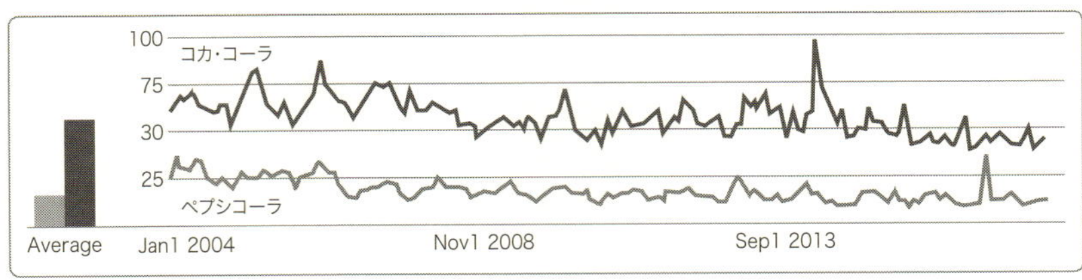

3-11：増田覚「『詳しくは○○と検索』で、商品検索件数が通常CMの平均2.4倍に」INTERNET Watch、2007年。
https://internet.watch.impress.co.jp/cda/news/2007/10/10/17130.html

2004年以降、常にコカ・コーラはペプシコーラを上回っていることがわかります。指名キーワードで検索した顧客は、当然のことながらロイヤリティも高く、他の商品を買うよりも自社の商品を買う可能性が高いでしょう。

顧客が社名や商品名を記憶していると、Webサイトの再訪率も大きく変わります。誰でも「あの商品、買いたかったけど、なんて商品名だっけ？」というような経験があるのではないでしょうか。

名前を覚えてもらうことの重要性を示す調査を、もう1つ紹介しましょう。選挙がはじまるとよく見る光景ですが、候補者は候補地を選挙カーで巡ります。その際、選挙カーのスピーカーからは候補者の名前が途切れることなく流されます。

候補者は短い時間で政策の全てを有権者に伝えることはできません。だからといって、選挙カーから候補者の名前を絶え間なく流すことが、投票につながると思いますか？　実は、つながることがあるのです。

関西学院大学の三浦麻子教授の研究によると、「選挙カーが家の近くに通った有権者は、その候補者に投票する傾向が高い」という結果が出ているそうです[3-12]。ただし、候補者の好感度は上がっていなかったということです。

テレビのCMでも、商品名を連呼する広告は多々ありますが、この手法は一定の効果がある、ということの傍証になるのではないでしょうか。

忘れられないためには「物語」を語るべき

スタンフォード大学でアイデアを研究しているチップ・ハースとダン・ハースは、自分たちの講義の中で起こったこんなエピソードを紹介

3-12：神戸新聞「選挙カーで名前連呼、なんと得票効果 関学大研究」2017年4月26日。
https://www.kobe-np.co.jp/news/shakai/201704/0010129963.shtml

しています[3-13]。

彼らの講義では、まず学生にプレゼンテーションをさせます。そして、その学生のプレゼンテーションが印象的な話し方だったか、説得力があったか、などを他の学生が採点します。

当然、採点で高得点になるのは、話術に長けた学生です。しかし、発表が終わって10分ほどして、もう一度発表者のアイデアを思い出すように求められると、ほとんどアイデアは全く記憶に残っていなかったのです。

1分間のスピーチを8回聞いただけなのに、そのうち覚えているアイデアは平均で1つか2つしかありませんでした。

では、学生が覚えているアイデアにはどんな特徴があったのでしょうか？　実は、プレゼンテーションの説得力や話術とは全く相関がありませんでした。

鍵は、「物語」にありました。**発表の中で語られた「物語」は、63%の人が覚えていたのに対し、「統計」を思い出した学生は5%に過ぎなかったのです。**

アイデアを覚えさせることに成功したのは、物語を使って聞き手の感情に刺激を与えた学生だったのです。

このエピソードで重要なことは、**仮に客観的には差別化し辛い製品であれ、物語を語ることで、顧客の記憶に残すことができるかもしれないということです。**

ブランド構築は容易ではない

ロイター・ジャーナル・オブ・ジャーナリズム研究所の調査によると

3-13：チップ・ハース、ダン・ハース（著）、飯岡美紀（翻訳）『アイデアのちから』日経BP社、2008年

興味深いデータがあります。検索から記事にアクセスした顧客の37%、ソーシャルメディアを使って記事を見つけた顧客の47%だけが、記事がどの媒体で発行されたのかを覚えていたそうです[3-14]（比較すると、直接アクセスした顧客の81%は、後でそのストーリーがどこに公開されたかを思い出しています）。

自ら進んで記事を読んだ顧客ですら、その媒体名を覚えていないとすると、広告を1回見ただけの顧客が商品名を覚えているでしょうか？

情報過多の現代において、製品名や媒体の名前を顧客に覚えてもらうことは簡単ではありません。

フリークエンシー（接触頻度）の効果

人間の認知力には限界があります。だからこそ、何度も何度も、しつこく（なりすぎない程度に）、宣伝する必要があります。

視聴率調査を行うビデオリサーチ社を含む数社が2011年に「インターネット広告効果に関する共同調査[3-15]」を行ったところ、インターネット広告の「接触回数」が1回の状態では、広告の認知度は32.3%でした。10回以上接触した広告では、この値は39.3%まで上昇しています（図3-17）。

ただし、接触頻度が多すぎることによって既存顧客に不快感を与える可能性もあります。この点は、一定程度の注意が必要です。

3-14：Joseph Lichterman,"People who get news from social or search usually don't remember the news org that published it, survey finds",NiemanLab,2017.
http://www.niemanlab.org/2017/07/people-who-get-news-from-social-or-search-usually-dont-remember-the-news-org-that-published-it-survey-finds/

3-15：ビデオリサーチインタラクティブ「VRI / All About / goo / マイクロソフト / Yahoo!JAPAN 2007年から続ける"インターネット広告効果に関する共同調査" 調査結果データの2011年版を発表」2011年。
https://www.videoi.co.jp/news/20110922.html

図3-17　接触回数ごとの認知率

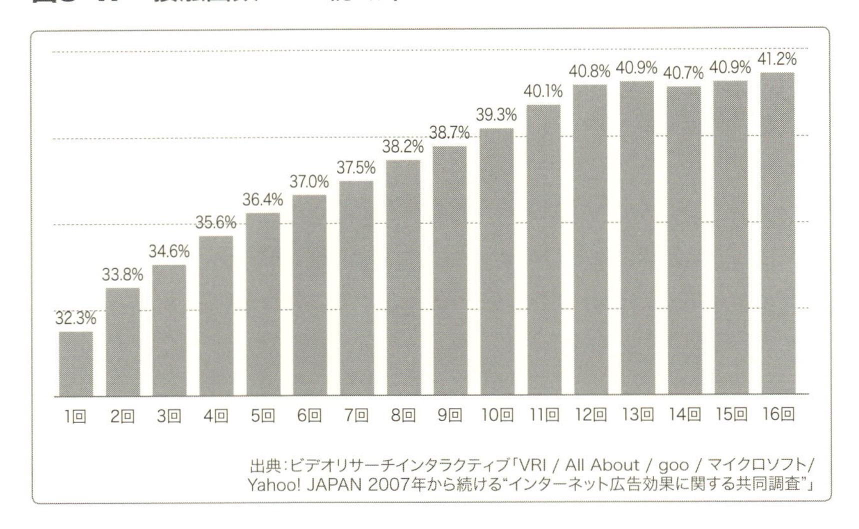

出典：ビデオリサーチインタラクティブ「VRI / All About / goo / マイクロソフト/ Yahoo! JAPAN 2007年から続ける"インターネット広告効果に関する共同調査"」

「認知」は必要か？

少し前の時代には、新商品が出る際にはテレビCMや新聞広告などで大々的なプロモーションを行い、それによって顧客認知を獲得するという考え方が一般的でした。

しかし、デジタルの世界では、顧客が気に入ればその場でクリックして行動を起こす一方、顧客が気に入らなければ、ただ忘れられてしまうだけです。顧客に覚えてもらってからもう一度広告……というのは今の時代、ちょっと悠長すぎる話かもしれません。

「認知」というのはもちろん重要な概念ですが、あまりプロモーション費用のない企業にとって、有効活用できる概念かというと疑問です。

むしろ、認知という概念があることで、「これは認知率を上げているから」と言い訳ができてしまい、広告費の無駄を見過ごしてしまう可能性もあるからです。この点が、大企業と中小企業の差とも言えます。

3-5 プロセス❹ ——Closing（締結する）

「クロージング」とは、最終的に顧客に購入ボタンや会員登録ボタンを押してもらうことです。顧客に覚えられていても、最終的に購入ボタンを押してもらえなければ意味はありません。では、獲得・売上を伸ばすためには、どのような手法が必要なのでしょうか？

売れない理由は？

シアトルの起業家、ジェイソン・デマースによると[3-16]、顧客を獲得できない（コンバージョンしない）理由は次の5つにあります。

①顧客が機会を得られていない

たとえば、商品を買いたいのにお問い合わせフォームしかなかったり、インターネットでは予約ができず、電話しなければいけないシステムになっていたりしませんか？

インターネット上できちんと完結するようにシステムを変えられれば、コンバージョンが増える可能性があります。

全てのページから適切に商品の購入やユーザー登録ができるように導線が貼ってあるでしょうか？

3-16 : Jayson DeMers,“5 Common Reasons Your Website Isn't Converting”, Forbes,2015.
https://www.forbes.com/sites/jaysondemers/2015/04/02/5-common-reasons-your-website-isnt-converting/#2281eda64814

②顧客が迷っている

たとえば、クリックさせたいボタンが小さかったり、見づらかったりするのではないでしょうか？　顧客を迷わせるようなデザインになっていないか考えてみましょう。顧客が購入しようと思ったときに、ちゃんとたどり着けているでしょうか？

Webサイトの直帰率が多い場合、この理由が大きい可能性があります。

③顧客の気が散っている

あなたのページには、あまりにも多くの要素があるのではないでしょうか？　顧客の気が散るような画像や動画、エフェクトなどを減らせば、顧客はあなたの商品を買うことに集中できるかもしれません。

顧客が必要な行動だけに集中できるよう、要素を減らしてみましょう。

Googleのトップページには、Yahoo!のようなバナーやいろいろなページへのリンクがあるわけではありません。シンプルに、検索のためのボックスがあるだけです。

④価値が充分でない

残念ながら、このケースが一番多いかもしれません。そもそも商品自体にあまり価値がなければ顧客を獲得することもないでしょう。

とはいえ、これはどうしようもないので、一旦置いておきましょう。

⑤正しいターゲティングをしていない

たとえば、「富裕層向けのサービスなのに全体に向けた広告を出している」「女性向けのサービスなのに男性ばかりがWebサイトを見ている」など、正しくないターゲティングをしている可能性はありませんか？

顧客の獲得ができない場合、これらの要素を組み合わせて考えてみましょう。実際、顧客にヒアリングしてみるのもよいかもしれません。

買う理由と買わない理由

一般的に、クロージングする場合、「買う理由（需要）を作ること」と「買わない理由（抵抗）をなくすこと」の両面が重要です。これは、たとえば車をイメージするといいでしょう。買う理由があるということは、車で言えばエンジンがかかっているようなものです。エンジンがかかっていなければ顧客は動きません。逆に、買わない理由がある場合、ブレーキがかかっているようなものです（図3-18）。クロージングを行う場合「買う理由をしっかりと提示すること」と「買わない理由について顧客を安心させること」、この両方を行う必要があります。

図3-18　「買う理由」と「買わない理由」

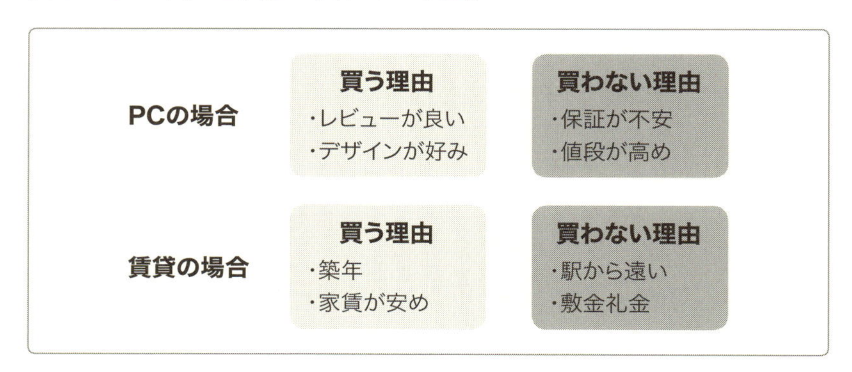

ここでは顧客をクロージングし、獲得を増やすための4つの方法を次にご提案します。

①顧客を安心させる
②選択肢を絞る
③意思決定を簡単にする
④段階を踏ませる

順番に確認していきましょう。

クロージング❶ —— 顧客を安心させる

まずは、顧客を安心させなくてはいけません。**顧客はそもそも、企業**

に対して強い不信感を覚えています。なぜならば、広告にせよ、口コミにせよ、あまりに嘘と誇大表現した広告が多いからです。

韓国で行われた研究[3-17]によると、オンラインのユーザーレビューは「重大な」影響を売上に及ぼしており、その中でもとりわけ、個人ブログなどのレビューは、製品の販売から一定期間は非常に大きな影響力を持つということです。

中でもユーザーレビューの場合、平均評価などの要約と、もっとも高い評価のレビューを詳しく参考にします。つまり、平均評価が低ければ、見向きもされなくなる、ということです。

もし、全ての顧客がレビューを参考に商品を選んでいたら、売上を伸ばす商品はジャンルごとでも極めて限られたものになるでしょう。

Business.comの調査[3-18]によれば、消費者の77%はレビューを重要だと考えており、全く読まないと応えたのは1%だけでした。99%の人は、オンラインでモノを買うときにレビューを少なからず気にしている、ということです。

これがあまりに大きなインパクトをもたらすため、いわゆる「ステマ（ステルス・マーケティング）」騒動がたびたび起きているのはご存じのとおりです。

3-17：Sung Ho Ha, Soon yong Bae and Lee Kyeong Son,"Impact of Online Consumer Reviews on Product Sales: Quantitative Analysis of the Source Effect",Applied Mathematics & Information Sciences An International Journal,2014.
http://www.naturalspublishing.com/files/published/7fv52zp828lf9t.pdf

3-18：Stacy DeBroff,"7 Surprising Ways Online Reviews Have Transformed the Path to Purchase", business.com,2017.
https://www.business.com/articles/7-surprising-ways-online-reviews-have-transformed-the-path-to-purchase/

ステルス・マーケティング

実際には金銭を受け取っているにもかかわらず、あたかも顧客が自発的に書いたレビューであるかのような形で投稿された口コミ、またそれを利用したマーケティング手法。

もちろん、正当にレビューを獲得する方法はあります。アプリであればレビューを適切なタイミングで促したり、飲食店であれば「レビューを書けば1品サービス」などのサービスを提供するという手法もあるでしょう。

たとえば自分のホームページに「ユーザーの声・顧客の声」などのページを載せるという手法は、よく使われています。

重要なことは、顧客が企業発信の情報に対して疑いの目を向けていて、実際に使っている人の声を聞きたがっているということです。

クロージング❷ ―― 選択肢を絞る

コロンビア大学のシーナ・アイエンガー教授による興味深い研究[3-19]があります。「ジャム実験」として有名なこの実験は、アメリカの高級スーパーで行われました。

店頭にイチゴジャムを6種類並べた場合と、24種類並べた場合、どちらのほうが売上は高かったでしょうか？　驚くべきことに、6種類のほうが、24種類よりも10倍も売上が高かったのです。

実際、誰しも考えるためには、脳のリソースを使います。**可能な限り顧客の負荷を減らす（認知負荷と呼ばれます）ことが重要なのです。**

事業を行う側からするとついつい、多くの選択肢を提示したくなりますが、思い切って選択肢を絞るのはどうでしょうか？
売上や会員登録率が向上するかもしれません。

この知識を応用すれば、よりよい選択を促すことができます。コロンビア大学のエリック・ジョンソン教授の研究[3-20]によると、2003年時点での臓器移植の同意率は、ドイツが12%、オーストリアが99%でした。この差はいったいどこから出てきたのでしょうか？

答えは、デフォルトの選択肢がどちらであるのか、という点にありました。ドイツは選択的に臓器移植を選んだ人のみが同意したと定義されていたのに対し（オプト・イン）、オーストリアは選択的に臓器移植に反対する人以外は臓器移植に同意したとみなしていたのです（オプト・アウト）。

脳に負荷をかけないようにするだけで、臓器移植のドナーを劇的に増やすことができたのです。

クロージング❸ —— 意思決定を簡単にする

1人の客が家電量販店にやってきます。お目当ては冷蔵庫。実際に開けたり閉めたり、感触を確かめて、店員からも情報を聞き出します。

店員がセールストークをしようと近づきますが、客は優雅にそれを断ります。そして、スマートフォンを手に取り、その場でECサイトから購入してしまったのです。

これは「ショールーミング」と呼ばれる行動で、数年前から家電量販店などでよく見られるようになりました。

3-19：シーナ・アイエンガー（著）、櫻井祐子（翻訳）『選択の科学』文藝春秋、2010年

3-20：Eric J.Johnson and Daniel G. Goldstein,"Defaults and Donation Decisions", Lippincott Williams&Wilkins.Unauthorized reproduction of this article is prohibited.,2004.
http://www.dangoldstein.com/papers/JohnsonGoldstein_Defaults_Transplantation2004.pdf

実際、イギリスの調査[3-21]では、消費者の44%がオンラインで商品を探している間に、リアル店舗にも訪れています。

アメリカの調査でも、60%以上の消費者が店頭で実際に商品を購入する際に、価格や商品情報などを確認しています[3-22]。

顧客は、なぜわざわざ店頭に足を運ぶのでしょうか？　それは、重さや大きさ、実際のイメージなど、ネットだけで確認できないものを確認するためです。顧客は、選ぶために来ているわけではありません。あくまで確認しに来ているのです。

デロイトの調査によると、デジタル上での行動は、実店舗における収益の56%に影響を及ぼしているそうです[3-23]。

ここからわかるとおり、**多くの業種にとって、デジタル上で完結しないことのデメリットは日々大きくなっています。**

飲食店など、今まではデジタル上で決済や予約ができなかった業種でも、可能な限りデジタルで完結させることが、今後はより重要になってくるでしょう。

もちろん、インターネットで完結させるだけでは充分ではありません。eコマース（通販）サイトの顧客が、カートに商品を入れたまま離脱してしまう「かご落ち」の割合は、69.23%にも達しています[3-24]。一度

3-21：Clare Weir,"Business View: Shops paying price of 'showrooming' trend", Belfast Telegraph,2014.
https://www.belfasttelegraph.co.uk/business/news/business-view-shops-paying-price-of-showrooming-trend-30290574.html

3-22：AARON SMITH,"Record shares of Americans now own smartphones,have home broadband",Pew Research Center,2017.
http://www.pewresearch.org/fact-tank/2017/01/12/evolution-of-technology/

3-23："Deloitte study: Digital influence redefines the customer experience", Deloitte,2016.
https://www2.deloitte.com/us/en/pages/about-deloitte/articles/press-releases/deloitte-study-digital-influence-redefines-customer-experience.html

3-24：Baymard Institute,"40 Cart Abandonment Rate Statistics".
https://baymard.com/lists/cart-abandonment-rate

3-25：リチャード ブラント（著）、井口耕二（翻訳）、滑川海彦（解説）『ワンクリック ジェフ・ベゾス率いるAMAZONの隆盛』日経BP社、2012年

買ってもいいかな、と思ったものがあるにもかかわらず、10人のうち7人近くが離脱してしまうのです。

この問題に早くから取り組んだのはAmazonです。1997年にAmazonに入社したプログラマー、ペリ・ハートマンは、CEOのジェフ・ベゾスの「可能な限り簡単に顧客が注文できるシステムを作れ」というリクエストを受けて、頭を悩ませていました[3-25]。

何といっても、相手は稀代の起業家であり、ワンマンで知られる経営者です。なんとしてもこのリクエストを実現させなくてはいけません。

そこで彼が最終的に作り上げたのが、Amazonの「1-Click（ワンクリック）」購入システムです。このシステムのおかげで顧客は、クレジットカード情報を事前に入力することで、ほしいものがあればワンクリックで購入できます。なんとAmazon.comで特許を取得しています（2017年に失効）。

この購入システムは、大きな利益率の上昇をAmazonにもたらしました。重要なことは、Amazonは流入を増やすことなく、売上を伸ばすことができた、ということです。

Amazonは広告の量を増やしたわけではありません。ただ、今まで何クリックもかかっていた購入プロセスを、1-Clickに短縮しただけです。そのことが、大きな利益を生むことになったのです。

クロージング❹ —— 段階を踏ませる

フリーミアムとは

フリーミアムとは、フリー（無料）とプレミアム（割増金）をかけ合わせた造語で、基本無料で、より上位のプランを利用するときに課金が発生するタイプの課金モデルを指します。

「フリーミアム」という概念は、すでに一般的なものになりましたが、今では多くのサービスが「初回無料」や、「無料版と有料版が存在する」といったフリーミアムモデルを採用しています。

たとえば、スマートフォンのゲームも多くは初回無料、Netflixも初月なら無料で見放題です。

もしGoogleで検索するごとに1回10円を支払ったり、YouTubeでビデオを再生するたびに1回100円を支払っていたら、私たちは莫大な金額を支払うようになります（もしくはスマートフォンを捨てて図書館に再びこもるようになるかもしれません）。

実際、インターネットがインフラ化するまで、大半の企業が無料を前提としたビジネスモデルを想像していませんでした。

しかしながら、現在はフリーミアムの時代です。企業はこの初回無料の力を活かさない手はありません。自社の商品で無料顧客に提供できるものはないでしょうか？（なにせ、日本は100円のドーナツ1個が無料になるだけで大行列ができるほどの国です）。

たとえば、法人向け事業であれば、いきなり商談に行くのではなく、メールアドレスを入力してもらい、顧客にとって役に立つ資料を提供するという方法もあります。または、メールマガジンに登録してもらうという方法もあるでしょう。

このように、顧客に段階を踏んでアプローチする手法を法人向けマーケティングでは「ナーチャリング（見込み顧客育成）」と呼びます。

あらゆる事業において、段階を踏ませることの効果は過小評価できません。とりわけ、金額が大きな事業であればあるほど、いきなり意思決定するということは考えづらいからです。

もう一度考えてみるとよいかもしれません。

3-6

プロセス❺
―― エンゲージメント

エンゲージメントは「つながる」という意味で使われています。顧客とつながること。常にモバイル端末を持っているこの時代だからこそ、より必要なことです。顧客とどのようにつながるべきか、改めて考えてみましょう。

スマートフォンの普及と「つながる時代」

スマートフォンは2005年から2015年の10年間で、販売台数がゼロから10億〜20億台に成長しました。これは、パーソナルコンピュータの普及よりも速いスピードです[3-26]。個人のスマートフォンの保有率は、2016年度に55%を超え、20代・30代の保有数は90%を超えています（図3-19）。

総務省の「情報通信白書」によれば、20代のモバイルの利用時間は、120分を超えています。また、40代以下では、スマートフォンの利用率がPCの利用率を上回っており、世代に関係なくモバイルシフトが進んでいると言えるでしょう。

このような時代におけるエンゲージメントは、これまでとは大きく違ってきています。

3-26：Tim Walters,"Understanding the "Mobile Shift": Obsession with the Mobile Channel Obscures the Shift to Ubiquitous Computing", Digital Clarity Group.
http://www.digitalclaritygroup.com/understanding-the-mobile-shift-obsession-with-the-mobile-channel-obscures-the-shift-to-ubiquitous-computing/

図3-19　スマートフォン個人保有率の推移

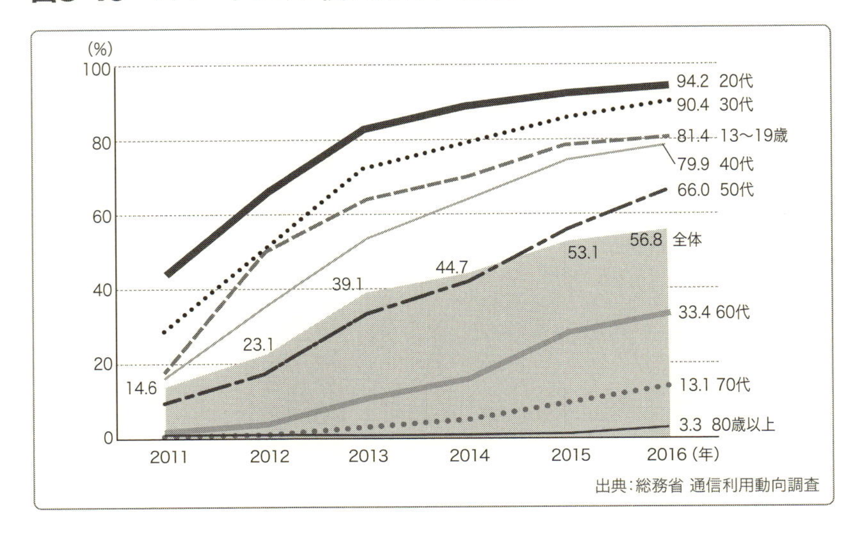

エンゲージメントの歴史

ダイレクトマーケティングとは

　ダイレクトマーケティングとは、特定の顧客に対して狙った形で行われる双方向のマーケティングです。たとえば、美容室が顧客に対して送付する年賀状や、化粧品メーカーが顧客に試供品付きのダイレクトメールを送付するなどです。

　エンゲージメントの歴史は、ダイレクトマーケティングからはじまります。いわゆるダイレクトマーケティングは、セールスとマーケティングの中間地点として発展してきました（もっとも古いダイレクトマーケティングは、紀元前1000年にパピルスに書かれた逃亡奴隷を募集するものだったと言われます。つまり、歴史上、最古のマーケティング手法であるということです)。

ダイレクトマーケティングの場合、再度、既存顧客に連絡するためには、ダイレクトメールを顧客の住所に送るか、勧誘電話をかけるしかありません。現在のエンゲージメントよりも、ずっとハードルが高いものです(図3-20)。

図3-20 エンゲージメントの図

	マーケティング手段	日本における普及
住所	ダイレクトメール	1950年代以降
電話番号	勧誘電話	1970年代以降
メールアドレス	Eメール	1990年代以降
SNSフォロー	ソーシャルメディア	2010年代以降
アプリインストール	プッシュ通知	2010年代以降

しかし、時代とともに顧客とつながる手段が増え、たとえばSNSやメールアドレスなどのツールを使って、より顧客との接点を増やすために必要な仕事も増えてきました。

また、ダイレクトメールや折り込みチラシにも、電話番号だけではなく、QRコードやSNSのアカウントなどを載せることで、顧客はより反応しやすくなりました。

メールマーケティングと「スパム」メール

1978年、ある歴史的な偉業がDEC(Digital Equipment Corporation)のマーケティング担当者、ゲーリー・ツーエルクによってなされました。

数多の偉業と同様に、偉大な業績とは大抵過去を顧みたときに気付くものです。

それはたった400通の人間に送ったメール広告でした。それが偉業となったのは、すなわちそのメールこそ、はじめてのメール広告であり、はじめてのデジタル・マーケティングであったからです（図3-21）。

図3-21　はじめてのスパムメール

```
Mail-from : DEC-MARLBORO
Date : 1May 1987 1233-EDT
From : THUERK at DEC-MARLBORO

DIGITAL WILL BE GIVING PRODUCT
PRESENTATION OF THE NEWEST MEMBERS
OF THE DFCSYSTEM-20 FAMILY ; THE
DFCSYSTEM-2020, 2020T, 2060, AND
2060T...
```

「DECは、最新の製品のプレゼンテーションを行います。DECSYSTEM-20ファミリー、DECSYSTEM-2020,2020T、2060、および2060T……」

そのとき、まだ（最初のインターネットである）アーパネットの利用者は2,600人しかいませんでした[3-27]。ツーエルクはそのうちの400人に、自社の新製品である「コンピュータ」の情報を送ったと言われています。これは今でいう「スパム」の手法です。

3-27：Gina Smith,"Unsung innovators: Gary Thuerk, the father of spam", COMPUTERWORLD,2007.
https://www.computerworld.com/article/2539767/cybercrime-hacking/unsung-innovators--gary-thuerk--the-father-of-spam.html

彼はこのメールにより「1,300万ドルか1,400万ドルを売り上げた」と語っています。この意味では、このスパム・マーケティングは大成功だったと言えるでしょう。

スパムという禁断のリンゴを知ってしまった私たちは、さながらエデンの園を追放されたごとく、スパムのない楽園には戻ることができませんでした。

世界中の人間が「スパム」によって日々悩まされることがわかっていたら、ツーエルクは同じことを行ったでしょうか？　彼は、「自分は『デジタル・マーケティングの父』と呼ばれたいが、どうも違うようだ」とも述べています。

現代のメールマーケティング

メールマーケティングは、スパムが発明される以降も増加の一途をたどっており、ROI（投資対効果）も高くなっています。eMarketerによると、アメリカの広告代理店が行ったメールマーケティングのROIは122%と、ソーシャルメディアの28%やダイレクトメールの27%を上回りました[3-28]。

メールマーケティングは、法人向けマーケティングにおいてよく利用されます。最近、LINEなどのメッセンジャーをメインに使用している方も多く、個人メールを使用する頻度が落ちているようですが、法人ではいまだメールがメインのコミュニケーションです。

3-28：Emarketer,"Email Continues to Deliver Strong ROI and Value for Marketers", 2016.

MA（マーケティングオートメーション）とナーチャリング　＞

法人向けのメールマーケティングを発展させたものを、MA（マーケティングオートメーション）と呼びます。

MAは、顧客に最適なタイミングで自動的にコンテンツやメッセージを配信したり、顧客を自動で分類したりする（スコアリング）手法です。

たとえば、1日目にどのようなメールを送り、1週間後にどのようなメールを送るか、あるいは購入したタイミングでどのようなメールを送るかなどの見込み顧客育成（ナーチャリング）やエンゲージメントを自動化し、効率的に行うことができるのです。

主なベンダーとしては、

- □**Hubspot（ハブスポット）**
- □**Marketo（マルケト）**
- □**Pardot（パードット／セールスフォース・ドットコムが提供）**

などがあります。

一般的に、法人向けのマーケティングであれば、一度で契約が成立することはありません。より長いスパンで考える場合、展示会やセミナーなどで獲得したリードをどう商談につなげ、クロージングするかという点が重要になります。

part

4

探しものはなんですか？

―― 検索エンジンとSEO

4-1

検索エンジンの誕生とその歴史

Googleは最初の検索エンジンでしょうか？　違います。Googleは最後の検索エンジンでしょうか？　もしかすると……。なぜこれほど、検索は普及したのでしょうか？　Googleの歴史とともに振り返ります。

Googleの誕生と覇権

今までに、Googleを使ったことがない人はいないのではないでしょうか（世紀末以来、疑問を感じたことがない人は別として）。

Googleは1995年、スタンフォード大学の大学院生であったラリー・ペイジとサーゲイ・ブリンが開発した検索エンジンです。

現在、Googleの検索エンジンで、月間1,000億以上が検索されています[4-1]。皆さんがこの文章を読んだ1秒間にも、およそ3万8,000回の検索が行われているわけです。

Googleが効率的な検索エンジンとなり得た理由の1つは、2人が開発した「ページランク[4-2]」と呼ばれる手法にあります（この論文はスタンフォード大学のページから読むこともできます）。

ページランクは、ハイパーリンク（サイト間のリンク）を論文の引用数にたとえ、その数を使ってWebページの重要性を推定するという手法でした（図4-1）。

4-1 ： https://www.thinkwithgoogle.com/data-gallery/detail/google-searches-per-month/

4-2 ： “The PageRank Citation Ranking:Bringing Order to the Web”,1998.
http://ilpubs.stanford.edu:8090/422/1/1999-66.pdf

図4-1　ページランクの仕組み

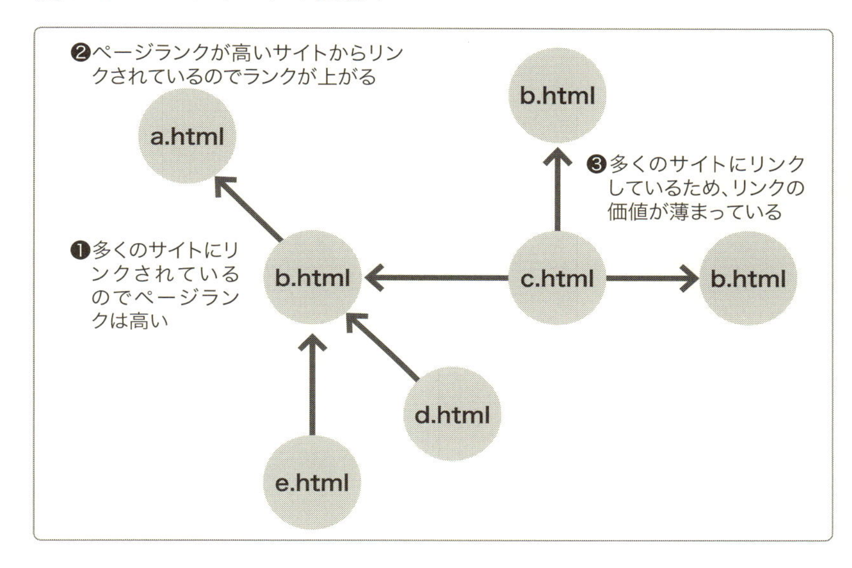

たくさんのページからリンクされている（被リンクが多い）ページは、おそらく顧客から支持されるだろうと推察できます。さらに、その支持されているページからリンクされているページも支持されているだろう……と再帰的に計算をしていきます。

これが、ページランクの基本的な考え方です。

当時世界最大の検索エンジンであったAltaVistaでは、次のように、検索順位を決めていました。「一致する単語の出現頻度、および一致する単語間の距離（すなわち、何ワード離れているか）によって決定される」[4-3]。

これでは、人為的にランクを上げることが難しくありません。

4-3 : Heting Chu,Marilyn Rosenthal,"Search Engines for the World Wide Web: A Comparative Study and Evaluation Methodology",American Society for Information Science,1996.
http://cui.unige.ch/tcs/cours/algoweb/2002/articles/art_habashi_arash.pdf

当然、全文検索機能はGoogleも備えていました。競合と違ったのはより重要なページを提供するための順位付けのロジックだったのです。

Googleの検索品質担当者、マット・カッツによると[4-4]、かつて彼らは外部リンクを使用せず、全文検索だけで順位を決定する新しい検索システムを社内で試験的に試してみたそうですが、「めちゃくちゃ」になったそうです。

ページランクの基本的な考え方が、いかに重要かということを示す1つのエピソードでしょう。

もちろん、今のGoogleのシステムはさらに高度になっていますが、基本的な考え方は変わっていません。つまり、引用されるくらい重要なページになれ、ということです。

余談ですが、Googleの社内イントラネットの検索システムは使いづらいことで有名でした。

検索の会社なのに社内のことを検索するのが一番難しい、と冗談でよく言っていたものです。おそらく、現在は使いやすくなっているはずです……たぶん。

4-4 : Google Webmasters,"How can content be ranked if there aren't many links to it?",YouTube Channel,2014.
https://www.youtube.com/watch?time_continue=1&v=Rr1J31jTyFg

4-2

SEOの基礎知識

SEOというと、なんだか難しそうに聞こえるかもしれません。実際、やることは多くありますし、専門的な知識も必要です。ここでは、SEOというものを捉えるために必要な知識を説明します。

SEOとは何か

SEO(Search Engine Optimization)とは何でしょうか。簡単に言えば、**「検索エンジンのためのデザイン」**です。ユーザーは視覚的に確認をしながらそのWebサイトを評価しますが、Googleなどの検索エンジンのbotは、目を持っていません（図4-2）。

そのため、人間相手のデザインなどとは違う視点で、対策する必要があるのです。

図4-2　SEOとデザインの違い

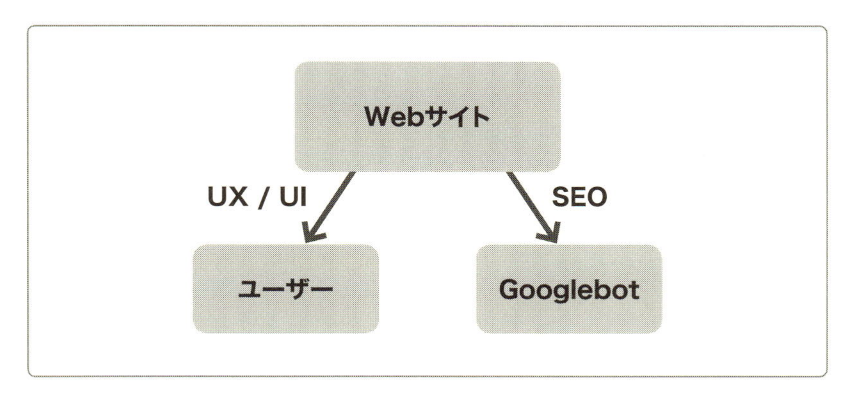

SEOの必須用語

これらの用語だけでも覚えておけば、とりあえずそれっぽいことが話せます。本書でもこれ以降出てきますので目を通してください。

クローラー／クローリング

クローラーとは、様々なWebサイトを巡回して、Webページを認識するbot（ロボット）です。

かつて、クローラーを利用した検索エンジンはロボット型検索エンジンと呼ばれていました。しかし、そもそも対義語のディレクトリ型検索エンジンが存在しなくなってしまったため、今ではほとんど使われません。

インデックス／インデクシング

インデックスとは日本語で「索引」。検索エンジンのクローラーが、自分たちのデーターベースに認識したか？　というのがインデックスです。

検索クエリ

実際に検索されたキーワードのことです。たとえば、キーワードで「温泉　おすすめ」を狙っていても、実際のクエリは「温泉　オススメ」や「温泉　お勧め　関東」などとなっているケースもあります。Seach Consoleで確認しましょう。

オーガニック検索（自然検索）

有料検索との対義語で使われる単語です。無料検索とは言いません。

被リンク

自社のWebサイトへの流入リンク。ページランクにおいて非常に重要な指標です。どのページにリンクされても、ドメイン単位で一定の被リンク効果がありますが、ページごとの被リンクのほうが効果的です。

2010年にGoogleの当時のCEO、エリック・シュミットが語った[4-5]ところによると、Googleは200以上のシグナルを、検索順位を決定するために利用しています（当然、現在はより多くのシグナルを使っているはずです）。

また、2015年にはRankBrain（ランク・ブレイン）と呼ばれるAI（人工知能）を用いたアルゴリズムが導入され、Webサイトのコンテンツを文脈単位で解析できるようになりました。

このシグナルのいくつかには、ユーザーが普通あまり使わないものがあります。たとえば、meta descriptionはユーザーから見れば意味がありませんし、画像のalt属性はよほど回線が遅い環境か、視覚障害を持つユーザー以外にはあまり必要がありません。

しかし、これらの要素もSEOのためには必要になります。**検索エンジンは人間の目よりも多くの要素をシグナルとして持っているからです。**

もっとも基本的なことを言えば、Googleで長年SEO部門を担当してきたマット・カッツが述べたこと[4-6]が重要です。つまり、「コンテンツとWebサイトへのリンク」です。

ページランクの基本的な仕組みに関しては先ほど説明しました。リンクの重要性はわかっていただいたと思います。

そして、Googleも、日々よいコンテンツを判断するために技術を進歩させ、より人間に近い見方で全てを把握するようになっています。

アメリカの大手SEO企業Mozが2015年に、自社のデータサイエンスチームや150人の検索マーケターとともに調査した、「どのような要素が

4-5 ： Danny Sullivan,“Schmidt: Listing Google's 200 Ranking Factors Would Reveal Business Secrets”,Search Engine Land,2010.
https://searchengineland.com/schmidt-listing-googles-200-ranking-factors-would-reveal-business-secrets-51065

4-6 ： “Google Q&A+ #March”,YouTube,2016.
https://www.youtube.com/watch?v=l8VnZCcl9J4

4-7 ： “Search Engine Ranking Factors 2015”,moz.com,2015.
https://moz.com/search-ranking-factors

検索順位に影響するか？」のランキング[4-7]によると、被リンクとコンテンツ、そしてエンゲージメント（ユーザーのWebサイト内での動き）がもっとも重要な要素になっています（図4-3）。

図4-3　SEO順位への影響ランキング

順位	ポイント	要素	説明
1位	8.22	ドメイン単位の被リンク	ドメインレベルのページランク、リンクの品質など
2位	8.19	ページ単位被リンク	ページランク、アンカーテキストの分析、リンク元の分析など
3位	7.87	ページごとのキーワードとコンテンツの関連性	トピックとクエリの関連性、キーワードが最適化されたかなど
4位	6.57	ページごとのキーワードとコンテンツ品質	読みやすさ、長さ、独自性、HTMLマークアップなど
5位	6.55	エンゲージメント、トラフィッククエリ	クリック率や流入の質、読了率などのユーザーデータなど
6位	5.88	ドメインレベルのブランド品質	ニュースやプレスリリースなどでどの程度言及されたのかなど
7位	4.97	ドメインレベルのキーワード	ドメイン名とキーワードが一致しているか、など
8位	4.09	ドメインレベルの品質	SSL化されているか、名前の長さなど
9位	3.98	ページレベルのソーシャル指標	FacebookのLikeやツイート数、Googleの+1など

GoogleはSEOについてどう考えている?

実際に質問してみたければ、Google社員によるウェブマスターオフィスアワーがある他、ウェブマスターコミュニティもあります[4-8]。

また、Google公式のスターターガイド[4-9]が公開されており、非常におすすめです。

下手なSEOの本を買うより、まずはこれだけ読んでおけば大丈夫でしょう。本書も、これに沿った内容で書き進めていきます。

SEOが問題?　Webサイトが問題?

事業をはじめるときに「流入はSEOでなんとかしよう」というのは、あまり賢い発想ではありません。言い換えれば、検索エンジン最適化というのはあくまで後付けの部分です。

先ほど書いたとおり、リンクの獲得というのは重要で、これは一朝一夕にできるものではありません。

SEOが上手くいかないWebサイトのほとんどは、ユーザーにとってもあまり有益ではないWebサイトです（図4-4）。

現在は検索エンジンも進化しており、ユーザーにとって本当に重要なページやコンテンツはどういうものだろう？　ということを常に評価し

4-8 : Googleウェブマスター
https://www.google.com/intl/ja_jp/webmasters/connect/

4-9 : Google Search Consoleヘルプ
https://support.google.com/webmasters/answer/7451184（最新版）

続けているからです。

自社のWebサイトが**検索エンジンに評価される近道は「ユーザーにとって使いやすく、有益なWebサイトを作ること」**であると覚えておいてください。

図4-4 SEOの判断軸

	ユーザーにとって有益	ユーザーには不要
検索エンジンが評価する	**もっとも重要なSEO**	やってもいいSEO
検索エンジンが評価しない	デザイン・UI／UX	

もちろん、かつてのキュレーションメディア・バーティカルメディアのブームなど、上手く検索エンジンの特性を理解して、効率よくトラフィックを獲得する方法は存在します。また、アフィリエイトなど、検索エンジンを前提にした事業は存在します。しかし、アルゴリズムが変わった場合も検索エンジンに評価し続けられるかは疑問です。

検索流入がない場合、**SEOが上手くいっていないのではなく、そもそもWebサイト自体がユーザーにとってあまりいいサイトではないのではないか？** という視点が必要ではないでしょうか？
「SEO的にどうか？」というような考え方は一旦捨てましょう。ユーザーにとって使いやすく見やすいWebサイトを心がけることが、一番の近道です。

その上で、検索エンジンに必要なことを少しずつ埋めていけばいいのです。

Google社員はSEOに詳しくない？

余談ですが、大抵のGoogle社員（ウェブマスターの人を除く）はSEOなんてほとんど知りません。たとえ知っていても、アドバイスができるわけでもないですし、学ぶ機会もありません。知り合いにGoogle社員がいても、聞かないほうが無難でしょう。

検索スパム、ブラックハットSEOとは何か

少し脱線しますが、Googleが排除しようと試みた検索スパム（ブラックハット、とも呼ばれます）とは、いったいどのような手法でしょうか。

たとえば、以下のような方法が使われていました。これらは、Googleのアップデートで大部分が使用不可になったので、絶対に使用しないでください。

使用すると、ペナルティにより検索流入がなくなる可能性がありますし、効果もありません。 逆に言えば、これらの手法を知っていれば、うっかりやることもなくなります。

よく言うように、人はしばしば車輪を再発明してしまうのですが、考え出した本人にとってはとてつもない名案に見えるものです。

ワードサラダ

無意味な単語を自動生成して、関連する単語が大量に入っているように見せかける手法です。かつては、文脈を読み取るという技術が発達していなかったので、このような稚拙なやり方でも上位表示することは不可能ではありませんでした。

リンク購入

かつては、被リンク購入がSEOにおいてかなり幅を利かせていた時代がありました。このようなリンクは現在ペナルティとして発見されるため、圧倒的にSEOで不利になります。上場企業でもペナルティによって検索流入が激減したケースがありました。

もし誤って買ってしまった場合や、危険なリンク先から被リンクがある場合、Search Consoleなどでリンクを外す作業が必要になります。

隠しリンク／隠しテキスト

背景色と同じ色でフォントの色を設定したり、見えないくらい小さなフォントサイズで表示することで、密かにリンクを仕込む手法です。一時期は、ブログパーツやウィジェットなどにこっそりリンクを仕込むという手法が横行していました。

サテライトサイト

無料のブログサイトなどで特に意味のないWebサイトを作り、被リンクを集める手法。きちんと運営しているWebサイトでない場合、ペナルティを食らう可能性もあります。

しっかりとしたWebサイトであれば、オウンドメディア・コンテンツマーケティングとして認識されるので、程度問題ではありますが。

4-3 SEOをはじめる

4-3では、実際にSEOをはじめてみましょう。きちんとSEOをやっていくとなると、どうしても細かい話になるので、ここでは大枠のみを簡単にお伝えします。さらに詳しく学びたい方は、SEO対策向けの書籍を別途ご参照ください。

SEOの基礎❶ ——顧客にわかりやすいタイトルと説明を付ける

SEOの3つの基礎的な点をここで確認していきます。

はじめに、SERPs（検索結果画面）を見てみましょう（図4-5）。

図4-5 検索の様子

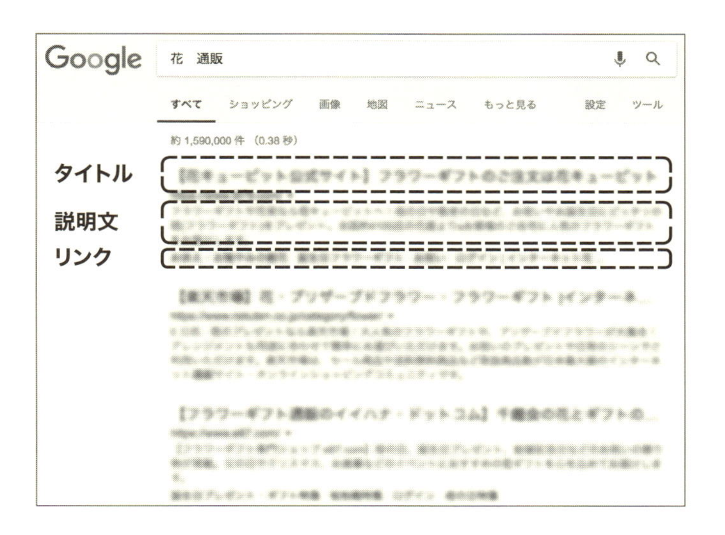

花屋のECサイトを例にして考えてみましょう。たとえば、「花」や「フラワー」などの単語が直接的に入っていればわかりやすいです。ま

た、サイト名が「花通販.com」「flower-gift.com（フラワーギフト.com）」などであれば、ひと目で花のギフトサイトだということがわかります。

一方、サイト名をイタリア語の「フィオーレ」やドイツ語の「ブルーメ」などにしたらどうでしょうか。センスはありますが、わかりづらいかもしれません。

これは、一般の店舗とインターネット店舗の違いでしょう。顧客にクリックされるためには、可能な限り顧客にとってわかりやすいほうがよいのです。せっかくよいWebサイトを作っても、よい説明がなければクリックはされません。ここは、非常に重要なポイントです。

TIPS①——関連度の高いタイトル／説明文を

たとえば、タイトルにも花という単語が入っていることは一定程度重要です。関連性が高いと判断されると、順位によい影響があります。

TIPS②——ページごとにタイトル／説明文を分けよう

Webサイト構成にもよりますが、可能な限りページごとにタイトルや説明文を分けましょう。顧客はページ単位で検索しているので、そのページに何が書かれているかを簡潔にする必要があります。

説明文はわかりやすく、具体的なものにしましょう。

TIPS③——順位だけじゃない、タイトルの威力

タイトルや説明文を変えることは、順位に影響するだけではありません。クリック率に対しても大きな影響があります。

順位は変わらなくても、クリック率が2倍3倍になれば、トラフィックもそれに応じて上昇します。

小手先のキーワードを詰め込むより、顧客がクリックしたくなる、そしてわかりやすくコンテンツの中身を知ることのできるタイトルや説明文にしましょう。

SEOの基礎❷――キーワード／クエリの選定

「よいキーワード」の定義を考えることは、必ずしも簡単なことではありません。

たとえば「バラ」という単体キーワードと、「バラ　通販」というキーワードを考えてみましょう。

検索数で言えば、当然「バラ」というキーワードのほうが多いはずです。しかし、「バラ」で検索する人の中には、植物としてのバラの生態を知りたい人もいますし、花言葉を知りたい人もいます。また、近所の植物園を探している人もいるかもしれません。

したがって、「バラ　通販」と絞ったキーワードの方がより売上にはつながりやすいでしょう。

次に、Googleが公式発表している資料「Search Quality Evaluating Guidelines」[4-10]の中に、検索クエリの種類についての説明があります（図4-6）。

4-10 ：“General Guidelines”,Google,2018.
https://static.googleusercontent.com/media/www.google.com/ja//insidesearch/howsearchworks/assets/searchqualityevaluatorguidelines.pdf

図4-6　クエリの種類について

クエリの種類	説明	例
知識クエリ	質問や、ある特定の知識などに関するクエリ。広範な知識に関するものと、特定の質問に答えるものに分かれる	「ナポレオン」 「イチロー　年齢」 「イギリス　首相　誰」 「墾田永年私財法　とは」
実行クエリ	特定の行動に関するクエリ。たとえばアプリインストールなど	「パズドラ　インストール」 「BMI　測る」
サイトクエリ	特定のWebサイトに行くためのクエリ	「クックパッド」 「Yahoo!」
訪問クエリ	主にモバイル上で、実際の店舗や施設に行くためのクエリ	「コンビニ」 「新宿駅　中華料理」

「Apple」と検索したとき、たとえばリンゴのことを意味するのか、企業のことを意味するのか、と判断するのは簡単ではありません。**クエリの検索数が多いとしても、それがすぐに需要の高さやトラフィックの価値を示しているわけではありません。**

もう1つのクエリの分け方は、検索数の大きさによる分類です。

一般的に、図4-7のような分け方が使われます。

このビッグ、スモールという定義はバラバラで、ミドルキーワードという言葉を使わずに2分類にするケースもありますので、あくまで参考程度としてください。

図4-7　ビッグ・ミドル・スモールキーワード

	月間検索数	特徴
ビッグキーワード	10万件以上	下位でもある程度獲得できる。その反面、検索数は多くても薄いキーワードも多い
ミドルキーワード	1万～10万件	効果的なキーワードも。数万検索あれば、1つのキーワードが上位に来るだけでも、ある程度売上が立つ
スモールキーワード	1万件以下	1つや2つが上位に行くだけではほとんど効果がないため、多数のキーワードを取る「ロングテール戦略」が必要になる

SEOの基礎❸ ——わかりやすいWebサイト構造とPLP

Webサイトの構造について考えてみましょう。いわゆる内部リンクなども含め、Webサイト構造による影響はそこまで大きなものではありませんが、後から変更がしづらいため、最初に設定しておくことが重要です。

ユーザーにとってURLはそれほど重要ではありませんが、検索エンジンにとっては、種類などを把握するための重要な要素の1つです。

Webサイト構成は、図4-8のようにカテゴリがまとまって、ページの種類などを検索エンジンに伝えるべきです。

図4-8　Webサイト構造のイメージ

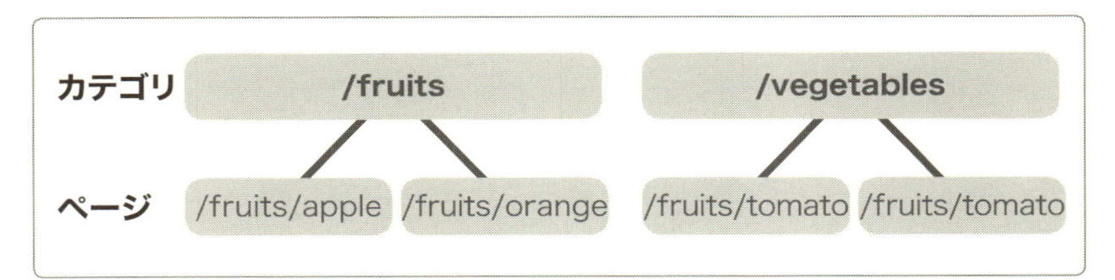

外部からのリンクとは異なりますが、内部リンクもSEOでは評価されます。リンク元の評価はリンク先に伝わるため、可能な限り上位のページにリンクが集まる構造にすることで、上位のページが検索で表示されやすくなります。

また、URLがわかりやすいことも重要です。URLにキーワードが入っているかどうかも、SEO上重要な要素になります。

PLP（Preferred Landing Page）

PLPを日本語に訳すと「優先ランディングページ」となるでしょうか。キーワードに対して、飛ばしたい、遷移させたいランディングページのことです。

たとえば、ファッションブログを運営しているとします。「メンズ　ファッション」に対しては男性向けのコンテンツを、「レディース　ファッション」に対しては女性向けのコンテンツを表示したいはずです。

しかし、検索エンジンは自社では管理できないため、必ずしも狙ったキーワードに適切なランディングページを紐付けることができないこともあります。

SEOの基礎❹——ページの速度を速くする

SEOの基準の1つに、ページの速度があります。以下のようなツールを使うことで、ページの速度をチェックすることができます。

Page Speed Insights
（https://developers.google.com/speed/pagespeed/insights/）

Googleが提供している、ページの速度をチェックするツールです。最適化方法などについても提案してくれます。

Webサイトの見た目やわかりやすさも重要ですが、とりわけモバイルでは、ページの速度が遅いことによる離脱がよく起こります。この点についても気をつけましょう。

チェックポイント❶ —— 検索順位とクリック率をチェックする

まずは、Search Consoleで狙ったキーワードの順位とクリック率をチェックしましょう。

Google Search Console
（旧Google Webmaster）（https://www.google.com/webmasters/）

自分のWebサイトにどのような検索キーワードを使って流入しているのかがわかるツールです。それぞれのキーワードにおけるクリック率や検索順位などがわかる他、危険なリンクを消したり、エラーの確認などができます。

特定のキーワードの順位はどのように推移しているでしょうか？　また、クリック率が低いクエリがないでしょうか。

図4-9は、アメリカのGoogle検索におけるポジションごとのクリック率の平均です。これらと比較して、どの程度自分のクリック率が高いか／低いかをチェックしましょう。

図4-9　Google検索におけるポジションごとのクリック率[4-11]

検索順位	クリック率
1位	20.5%
2位	13.32%
3位	13.14%
4位	8.98%
5位	9.21%
6位	6.73%
7位	7.61%
8位	6.92%
9位	5.52%
10位	7.95%

チェックポイント❷
──読了率と滞在時間でコンテンツの質を確認する

ユーザーの滞在時間や読了率（スクロール率）などをチェックすることで、コンテンツの質を測ってみましょう。

読了率については、Google Tag Managerを導入することで、Google Analyticsにイベントを読み込ませることが可能です。

4-11："Ready to learn how high click-through rates are for specific Google positions in 2017? In this micro-study,we will cover just that and provide some insight",ignitevisibility.com,2017.
https://ignitevisibility.com/ctr-google-2017/

Google Tag Manager（GTM）
（https://tagmanager.google.com/）

Googleが提供している、タグマネジメントツールです。1つのタグを導入するだけで、HTMLファイルをいじることなく様々なタグを導入できます。

コンバージョンタグ、Google Analyticsのトラッキングタグなどもひとまとめにすることが可能です。

また、イベントを発生させることで、読了率などユーザーのイベントを、Google Analyticsなどの分析ツールに記録することが可能です。

チェックポイント❸
── 直帰率、セッション当たりページ数でUIを確認する

直帰率とセッション当たりページ数は、ユーザーの回遊性が高いかどうかを確認できる指標です。

直帰率／セッション当たりページ数

ユーザーが、他のページを見ることなく帰ってしまうことを直帰と呼びます。この直帰が、全体のセッションの中で何％程度あるのか、という指標が直帰率になります。

セッション当たりページ数は、1セッション当たりどのくらいユーザーがページを見たかの指標です。これは、ユーザーが検索上でたどり着いたページ（ランディングページ）から、他のページに興味を持ったかどうかを測ることができます。

たとえば、ランディングページには集客できていても、そこから他のページに対して興味をもたせることに失敗している、などがわかります。

高いから悪いとは限らず、他のコンテンツが少ないページや、記事だけのニュースサイトなどでは高くなる傾向にありますが、低いほうがよいことは言うまでもありません。

4-4

品質の高いコンテンツを作る

品質の高いコンテンツとは何でしょうか。資料として、Googleの「Search Quality Evaluating Guidelines」[4-12]を見てみましょう。ここでは、この資料とBingに関する公式ブログ[4-13]の記事を参考に品質の高いコンテンツについて説明します。

品質の高いコンテンツを作る❶ ――ページの目的を考える

Webサイトは、顧客を助けるためにコンテンツを作成する必要があります。その際、ページの目的は何でしょうか？　たとえば、「今年のプロ野球の順位を知ること」「平賀源内の業績について学ぶこと」「近所の美味しいレストランを知ること」「特定の動画を見ること」など様々でしょうが、それぞれに目的があることには変わりありません。

顧客の目的達成を無視して、単に自社の収益を上げる目的で作成されたWebサイトやWebページの評価は決して上がることはありません。

Webサイトや Webページの目的を理解することで、コンテンツを評価するときに考慮すべき基準を理解することができます。

Googleのガイドラインによれば、「顧客のためにコンテンツが作成されている限り、百科事典であれ、PDFであれ、動画であれ、Webページのタイプで判断されることはありません」ということです。

Webサイトや Webページには、それぞれの目的があるからです。

4-12：“General Guideline”,Google,2018.
https://static.googleusercontent.com/media/www.google.com/ja//insidesearch/howsearchworks/assets/searchqualityevaluatorguidelines.pdf

4-13：“The Role of Content Quality in Bing Ranking”,Bing blog,2014.
https://blogs.bing.com/search-quality-insights/2014/12/08/the-role-of-content-quality-in-bing-ranking/

品質の高いコンテンツを作る❷
——コンテンツの種類を考える

Googleのガイドラインによれば、Webページの全てのコンテンツは、メインコンテンツ（MC）、サポートコンテンツ（SC）、または広告／収益化（広告）のいずれかに分類できます（図4-10）。

Webページの目的を理解し、ページ品質（PQ）評価を行うには、1つのページ内にある、これらの異なる部分を区別する必要があります。

図4-10 MCとSCと広告

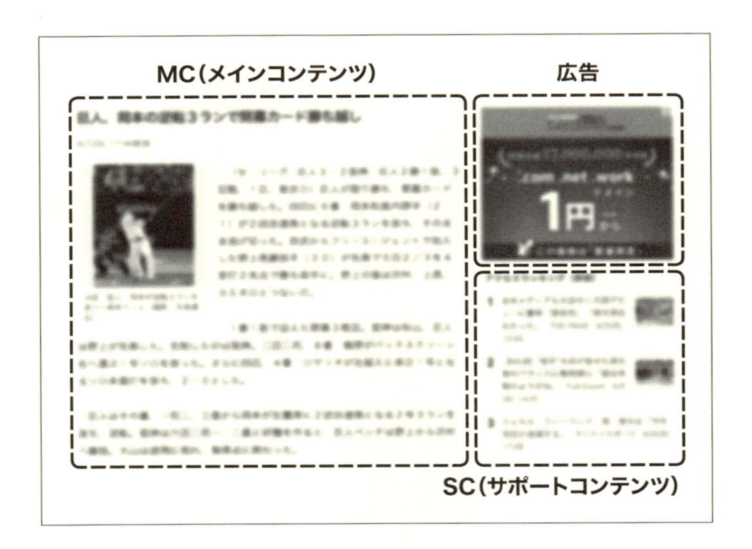

MC（メインコンテンツ）の定義

ページの目的を達成するためのコンテンツ。ニュースサイトなら本文、動画サイトなら動画、ログインページならフォームなど。

MCがしっかりとユーザーにわかりやすく認識されていることは、ページの目的にも寄与します。

SC（サポートコンテンツ）の定義

ページの目的を直接達成するわけではない、補足的コンテンツ。ヘッダー、サイドバー、関連ページや人気の商品などもSCに当たります。

ユーザーレビューは、一部のページではMC、多くのページではSCとみなされます。一般的には、広告でもMCでもないページがSCとみなされます。

広告の定義

広告があることは、必ずしもユーザーエクスペリエンスを損ない、ページ品質を下げるとは限りません。

ただし、表示されている広告の種類によっては品質を損なう可能性はあります。また、モバイルに関しては、一般的にPCよりも広告での収益獲得に慎重であるべきです。

重要なことは以下の3つです。

□しっかりと充実したMC（メインコンテンツ）を作る
□MCは顧客が認識しやすいレイアウトにする（SCや広告ではなく）
□過度に顧客体験を損なう広告を入れない。また広告を入れすぎない

品質の高いコンテンツを作る❸ ―― Webページの外部評価について

Googleのガイドラインによれば検索エンジンは、ニュース記事、個人によって作成された信頼できるレビュー、参考資料などを探し、Webページがどのように評価されているのかを調べています。
「ニュース記事、Wikipediaの記事、ブログの記事、雑誌の記事は全て評価に含まれる可能性がある」ということです。

品質の高いコンテンツを作る❹ ―― ページ品質の評価とは？

Googleのガイドラインで評価されるのは、「E–A–T」と呼ばれる3つの特徴を持ったコンテンツです。これは、**Expertise（専門性）、Authoritativeness（権威性）、TrustWorthiness（信頼性）の3つの頭文字を組み合わせた造語です。**

Expertise（専門性）

専門性はページのタイプによって、定義が全く異なります。レストランレビューであれば写真があるか、レシピであれば手順や分量があるか、プログラミングのブログなら、コードが書かれているか、趣味のページであれば、どれだけ詳細に、他のページにない情報があるのか？　ということも重要です。

権威者ではない人が専門家であることはあります。たとえば、総理大臣の権威性は充分ですが、30分でできる簡単なレシピについては主婦のほうが専門家かもしれません。

ページの目的が何であり、そのために必要な専門性を考えることと、他のページではなくあなたのページに訪れる理由を明確にすることで、専門性を高めることができます。

Authoritativeness（権威性）

権威性は「誰」が語っているのか？　ということが重要です。医療情報なら医師、音楽情報ならプロのミュージシャン、株取引なら証券アナリストなどが「権威者」だと言えます。

権威性と専門性は重なる部分があります。専門性と比較すると、権威性は外部の評価や過去の蓄積によって評価されるというのが違いです。

たとえば、ある特定の病気について考えてみましょう。患者はその病気に関する専門家ではあります。彼らにしか提供できない重要な情報があるからです。しかし、患者は権威ではありません。

Trustworthiness（信頼性）

信頼性を高めるためには、充分なエビデンスや出典、根拠のある論文による引用を示すことです。

例を挙げましょう。「AよりもBがおすすめです」と曖昧に記述するよりも、「○○の論文によると、AよりBのほうが20%ほどユーザーに好まれる」といった記述のほうが信頼できるのではないでしょうか？

証拠のある記述をすることで、信頼性は高まりますし、すでに多数のニュースで嘘だと立証されていることは、信頼性が低いと判断されるでしょう。

品質の高いコンテンツを作る❺ —— YMYLについて

YMYL（Your Money & Your Life）とは、直訳すれば「お金と生活に関するコンテンツ」という意味になります。**ユーザーにとって不正確な情報は有害です。そこで、Googleが厳しく監視をしているコンテンツになります。**たとえば、病気に関する情報やカードローンの情報などが含まれます。

サマリー —— 高品質なコンテンツとは?

Bingにおいても、高品質のコンテンツに重要な要素は、Authority（権威）、Utility（使いやすさ）、Presentation（見やすさ）の3つになります。

まとめれば、重要なことは以下のようになります。

□他のページにない独自のコンテンツを提供する
□自分が（自分たちが）何者であるかをしっかりと明記する
□根拠不明な情報ではなく、エビデンスや数値のある情報を提供する

もちろん、これらだけでは完璧ではありません。まだまだ質の低いWebサイトが出てくる事例もあります。

しかし、近年のGoogleのアップデートは、これらの方針に沿ったものであり、遠からずE-A-Tに沿わないコンテンツの上位表示は難しくなってきているでしょう。

4-5

コンテンツマーケティング／オウンドメディアの立ち上げ方

「コンテンツマーケティング」「オウンドメディア」……。これらのワードを時折耳にすることがあるのではないでしょうか。その活用について考えます。

コンテンツマーケティングとは

Part 3で、トリプルメディアについて説明しました。アーンドメディアやペイドメディアという言葉はあまり使われませんが、「オウンドメディア」という言葉は、「コンテンツマーケティング」という言葉とともに広く利用されるようになりました。

オウンドメディア？　コンテンツマーケティング？
インバウンドマーケティング？

一般的には、オウンドメディア（自社メディア・自社媒体）などを利用したマーケティング手法そのものを「コンテンツマーケティング」と呼びます。

インバウンドマーケティングとコンテンツマーケティングは意味は変わりませんが、日本国内では「インバウンド」という言葉が、外国人観光客向けの施策を指すため、コンテンツマーケティングという言葉が一般的です。

「コンテンツマーケティング」という言葉や「オウンドメディア」という言葉は、ある時期からデジタル・マーケティングの寵児となりました。広告を出さなくても、ブログを書いたりメディアを作るだけで商品が売れる。こんなによいことはありません。

しかし、実際にオウンドメディアで成功している企業の数は、オウンドメディアを運営している企業の数に比べれば少ないのが現状です。

それは、なぜでしょうか？　その理由の1つに、「記事を書きさえすれば検索で流入する」という誤解があるからです。

残念ながら、いくら記事を書いたとしても、その記事が本当の意味で顧客にとって効果のあるものでなければ、意味をなしません。

その媒体、本当に意味がありますか？

たとえば、あなたが獲得したい検索キーワードで実際に検索してみましょう。どのような結果が出るでしょうか？

現在の検索エンジンの問題の1つは、あまりに質が低い記事や媒体が乱立していることにあります。

2017年のアメリカ大統領選挙では「フェイクニュース」という言葉が有名になりました。トラフィックを確保するために根も葉もないことを書くネットメディアが多数乱立し、アメリカ国外の人間がこれらのビジネスで広告収入を得ていました。

また、日本でも医療系のキュレーションメディアが、正確ではない情報を粗製乱造した結果、閉鎖に追い込まれるという事態が起きました。第三者委員会の報告書を読むと、真面目に記事を作っていると、Webメディアのビジネスモデルは成立しないのではないか？　という疑問すら沸きます。

検索エンジンも様々な形で対策してはいますが、いずれにせよ、顧客にとっても価値のない記事であれば、書く必要はありません。**メディアを立ち上げる前に、その情報が本当に顧客にとって役に立つのか？　ということをもう一度考えてみるべきではないでしょうか。**

専門性の高いコンテンツとオウンドメディア

先ほど述べたとおり、専門性が高いコンテンツでなくては、検索エンジンにも充分に評価されなくなっています。

よく、コンテンツマーケティングやオウンドメディアに関する情報の中で「○○文字以上書けば……」などもありますが、これはすでに古い情報だと考えてください。

文字数は専門性の高さを示しますが、文字数だけでコンテンツの評価が左右されることは（現在は）ありません。

オウンドメディアに関してやりがちな間違いは、外部のライターやクラウドソーシングなどを使って、毒にも薬にもならないような記事を量産してしまうことです。

たとえば、すでに一定程度のアクセスがあるページであったり、あるいは広告などで閲覧数を増やすなら別ですが、新規で集客していくときにそのようなコンテンツがあってもほとんど意味がありません。

オウンドメディアに関する実例で興味深いのは、オウンドメディア企業の事例や顧客の声など、成果報告のページに、歯科医院や脱毛など医療系のWebサイトが多く掲載されていることです。

たとえば、歯医者さんがオウンドメディアで集客するのは合理的でしょう。なぜなら、歯のことに関しては充分に専門的であり、なおかつ大規模な医療サイトというのは現時点でそれほど多くはないからです。

顧客の声などを踏まえると、

□大規模な競合がいない
□自分がその分野に関しては専門的である
□一定のキーワードボリュームがある

ことがオウンドメディアの立ち上げに関するチェックポイントです。

オウンドメディアを作るのなら、「フロー型（流れていくコンテンツ）」ではなく、「ストック型（溜まっていくコンテンツ）」を作り、網羅的な媒体を目指しましょう。

もちろん、フロー型で上手くいっている媒体も多数ありますが、かなりの人的リソースが必要になります。

できるならば、ストック型で何度も顧客が流入するページにし、長期的に資産となる媒体の形成を目指すほうが合理的です。

オウンドメディアにおいて重要なのは、短期の流入数ではなく、直帰率や滞在時間などであると考えてください。

また、成果が出ているオウンドメディアばかりではない、という事実を踏まえた上で慎重に意思決定を行うことが重要です。

part

5

つながり続ける時代に

――ソーシャルメディアとモバイル革命

5-1 つながり続ける時代
――ソーシャルメディアが変えたもの

私たちは、10年前では信じられない時代に生きています。PCやスマートフォン、タブレットを通じて、常に世界中の人間とつながり続けることができるのです。それでは、この時代において何が変わったのかを見てみましょう。

ソーシャルメディアの誕生

スマートフォンの普及は「いつでもつながる」という革命を起こしましたが、これと歩調を合わせるようにソーシャルメディアも急速に普及していきました。

ソーシャルメディアが普及することにより、それまでの情報の広がり方と全く違う、「拡散される」という言葉・概念が広まりました。

したがって以前よりも、身近な人間の口コミや共感が重視されるようになりました。

近年、企業が意図しないところで顧客からCMやマーケティングコミュニケーションが批判され、謝罪対応に追い込まれるケースが増えています。これは、企業のメッセージが、必ずしも正しい形で伝わるとは限らない、ということでもあります。

実際、アメリカの企業は平均してソーシャルメディアに11%ものマーケティング予算を使っていますが、44%の企業が効果を実感できていないと答えています[5-1]。

5-1 : Christine Moorman,"Capitalizing On Social Media Investments",The CMO Survey,2017.
https://cmosurvey.org/2017/08/capitalizing-social-media-investments/

顧客の「共感」や「口コミ」をコントロールすることは、従来型のマーケティング広告とは違うスキルが必要になるので、課題は山積みです。

一方、ソーシャルメディアキャンペーンで大きな成果を上げている企業もあります。その1つが化粧品ブランドのDoveです。

2013年に公開され、「Real Beauty Sketch」と名付けられたこのキャンペーンは、多くの女性が自分自身の魅力に疑問を抱いている、あるいは過小評価している、という問題に着目したものです（図5-1）。

図5-1　YouTube「Real Beauty Sketch」

わずか3分のこの短い動画は、自分自身が書いた自分の似顔絵と、名前も知らない他人が書いた似顔絵を比較するという内容で、「あなたは自分が思っているよりも美しい」というメッセージを届けるものでした。

最初の1カ月間、380万回もソーシャルメディアで共有され[5-2]、DoveのYouTubeチャンネルに1万5,000人の新たな購読者を生み出しました。YouTube動画の肯定的な評価は16万にも及びました。

最終的に、このキャンペーンは2013年のカンヌ・クリエイティブ・ライオンズにおいて、最高賞であるチタニウム部門グランプリを受賞しました。

わずか3分間の動画でも、顧客に共感してもらうことができれば、世界中の多くの人に届けることができる。

Doveのマーケティングは、ソーシャルメディアキャンペーンの可能性を示した良い例でした。

ソーシャルメディアとユーザーデモグラフィック

図5-2は総務省による2017年の調査[5-3]で示された、年齢、性別ごとのSNS利用率です。

どのサービスも、おおむね20代と30代の数値が高くなっています。つまり、若年層ほどSNSに対する親和性が高く、過ごす時間も長いのです。

若年層にリーチするためには、従来型のデジタル広告だけではなく、

5-2：BRITTANY BOUNDS,"THE RIGHT RESPONSE:THE REACTION OF THE SILENT MAJORITY TO THE SOCIAL MOVEMENTS OF THE SIXTIES", Submitted to the Office of Graduate and Professional Studies of Texas A&M University in partial fulfillment of the requirements for the degree of DOCTOR OF PHILOSOPHY,2015.
https://oaktrust.library.tamu.edu/bitstream/handle/1969.1/155756/BOUNDS-DISSERTATION-2015.pdf?sequence=1&isAllowed=y

5-3：総務省「平成29年度情報通信白書」2017年。
http://www.soumu.go.jp/johotsusintokei/whitepaper/ja/h29/pdf/index.html

SNSの運用やSNS広告、インフルエンサー・マーケティングなどが必要であるということをご理解いただけるのではないでしょうか。

図5-2　年代・性別別のSNS利用率

		10代	20代	30代	40代
Facebook	女性	21%	60%	57%	33%
	男性	17%	51%	46%	37%
		10代	20代	30代	40代
Twitter	女性	69%	67%	30%	20%
	男性	54%	53%	30%	21%
		10代	20代	30代	40代
Instagram	女性	41%	57%	43%	21%
	男性	21%	31%	18%	11%
		10代	20代	30代	40代
LINE	女性	88%	98%	95%	80%
	男性	71%	95%	86%	67%
		10代	20代	30代	40代
YouTube	女性	87%	93%	86%	77%
	男性	82%	91%	90%	78%

5-2

インフルエンサー・マーケティング

近年急速に浸透しているインフルエンサー・マーケティングと呼ばれる広告手法。いったい、どのようなものでしょうか？

インフルエンサーとは何か？

インフルエンサー・マーケティングとは、YouTube、Instagram、SnapChat、Twitterなどのプラットフォーム上で大きな影響力を持つオピニオンリーダーなどと協力して行うマーケティング・プロモーション手法を指します。タレントや有名人は、テレビなどの媒体によって作られますが、インフルエンサーはより視聴者に身近な存在です。

たとえば、YouTuberのHIKAKINさんは、様々な形で商品を実地で使い、その動画をアップロードすることで収益を得ています（図5-3）。

図5-3 HIKAKIN TV

女優やスポーツ選手がHIKAKINさんと同じことをした場合、プラットフォーム自体は企業が用意する必要があります。

つまり、有名人は企業のブランドイメージの形成に影響を与えますが、インフルエンサーはより直接的に売上の上昇などに貢献するのです。

テレビ局とタレントを1人で兼ねている、と言えばわかりやすいでしょうか。

Business Insiderの記事によると[5-4]、2017年にもっとも稼いだYouTuberのダニエル・ミドルトンは、1,650万ドルもの収入を得ています。

また、独自のSNSネットワークが存在する中国ではKOL（Key Opinion Leader）と呼ばれるインフルエンサーが台頭し、強い影響力を持っています。

近年では、マイクロインフルエンサーと呼ばれる、必ずしも大きな影響力を持たないが、独自のネットワークを持つインフルエンサーも注目されるようになっています。

インフルエンサーマーケティング会社のMarkerlyの調査[5-5]によれば、コメント率やいいね！の率、反応率などは、むしろフォロワー数の少ないInstagramユーザーのほうがよかったということです。

たとえば、インフルエンサー関連のソフトウェア企業、Influence.coが2,885人を対象に行った調査[5-6]によると、1万人から2万5,000人のフォロワーがいるインフルエンサーへの支払いは1投稿あたり平均で133ドルです。

5-4 : John Lynch,"MEET THE YOUTUBE MILLIONAIRES: These are the 10 highest-paid YouTube stars of 2017",Business Insider,2017.
http://www.businessinsider.com/highest-paid-youtube-stars-2017-12

5-5 : Markerly,"Instagram Marketing: Does Influencer Size Matter?"
http://markerly.com/blog/instagram-marketing-does-influencer-size-matter/

5-6 : INDUSTRY NEWS,INSIGHTS,"Instagram Influencer Rates",INFLUENCE.CO Perspective,2018.
http://blog.influence.co/instagram-influencer-rates/

一方、フォロワーが100万人以上いるインフルエンサーへの1投稿あたりの支払いは1,405ドルになります。

「どの規模のインフルエンサーに依頼をするか」というのを考えることは、効果的なマーケティングするのに非常に重要な点です。

インフルエンサー・マーケティングの台頭には2つの要因があると考えられています。1つは、テレビの衰退です。誰もが見るチャネルとしてのテレビから、スマートフォンに主戦場が移った結果、顧客の認知を取るためにはテレビだけでは充分ではなくなったということです。

もう1つが、顧客が広告を忌避するようになったことです。広告ブロッカーの普及により、より「広告ではない」コンテンツが好まれるようになっています。

これは、全世界的な現象と言えるでしょう。

インフルエンサー・マーケティングの効果は?

いくつかの調査は、インフルエンサー・マーケティングの効果を示しています。

たとえば、インフルエンサー関連のソフトウェア企業であるTomosonによると[5-7]、インフルエンサー・マーケティングのROIは650%と、その他のマーケティング支出に比べても極めて高かったということです。

また、インフルエンサー・マーケティングの市場は急速に拡大しており、インフルエンサー・マーケティングの広告代理店であるMediakixの

5-7 : Tomoson Blog,"Influencer Marketing Study".
https://blog.tomoson.com/influencer-marketing-study/

調査[5-8]によると、全世界で50億～100億ドル規模の市場になると予測されています。

インフルエンサー・マーケティングは、その影響が必ずしも全て数値化できるわけではない、という点も含め、テレビ広告に似通った広告手法と言えます。

影響力が実際の売上につながっているのか、という分析を行うことが重要です。

5-8 : Mediakix,"THE INFLUENCER MARKETING INDUSTRY GLOBAL AD SPEND: A $5-$10 BILLION MARKET BY 2020 [CHART]",2018.
http://mediakix.com/2018/03/influencer-marketing-industry-ad-spend-chart/#gs.iPFhZ=E

5-3 Twitter、Facebook、Instagram、LINE ── SNSの運用について

TwitterやFacebookなどのSNSの運用は、どのように行うべきでしょうか？　ここでは、SNSごとの特性を説明しながら、運用方法を考えます。

KPIの設定

SNSの企業活用に関しては、適切なKPI（最も重要な指標）が設定できていないケースがほとんどです。

日経 BP社のSNSに関する報告書[5-9]の中でも、「ソーシャルメディアの効果について、売上や利益など最終的な収益と直結した指標を持っている企業は一部にとどまっている」と述べられています。

問題は、ソーシャルメディアが直接的に売上やインストールなどの獲得につながらないケースも多いということです。

エンゲージメント率（フォロー率、いいね！率などをまとめた数値）なのか、フォロー数なのか、PVなのか。どの点をKPIにするかを合意しておきましょう。

さて、SNSを利用する場合、自社アカウントを運用するだけではありません。いかにユーザーに拡散してもらうかという点も重要です。

5-9：日経BP社「平成27年度商取引適正化・製品安全に係る事業（ソーシャルメディア情報の利活用を通じたBtoC市場における消費者志向経営の推進に関する調査）報告書」2016年。
http://www.meti.go.jp/policy/economy/consumer/consumer/pdf/sns_report.pdf

検索の指名キーワードだけではなく、自社の商品名などのキーワードがどれくらいつぶやかれているか？　もきちんとトラックしていく必要があるでしょう。

SNSの特性を考える

大きな軸で言えば、「ブランディングを重視するか」と「コミュニケーションを重視するか」という軸と、「文章メインか」「写真・動画がメインか」という軸があります。

SNSごとのおおまかな特性は図5-4のような形になります。

図5-4　SNSごとの特性

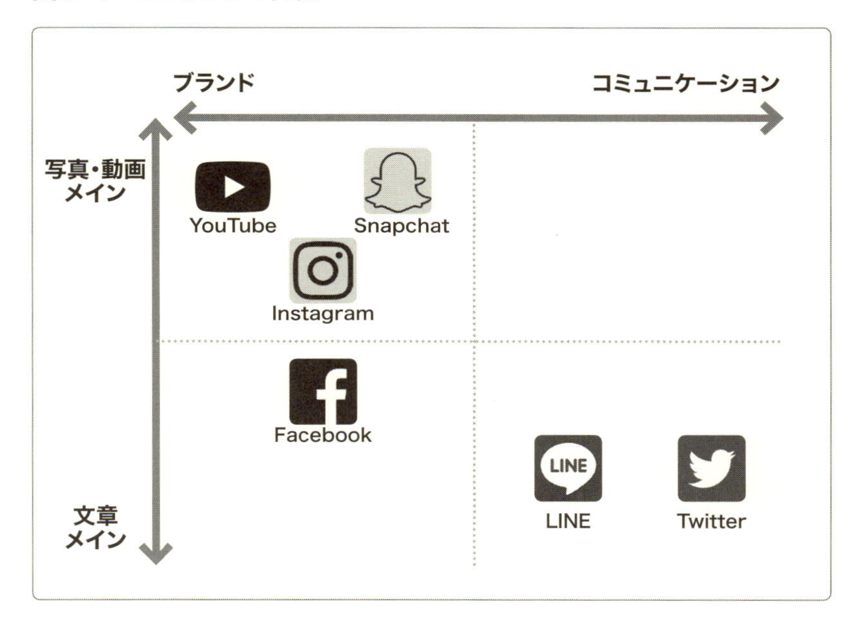

それを踏まえた上で、SNS運用のタイプを考えてみましょう。ここも再び2つの軸があります。1つは、自ら企画して情報を発信していくタ

イプか、ユーザーや顧客とのコミュニケーションを重視するタイプか、という点です。

もう1つは、広く様々なユーザーや顧客を対象にしているか、限定されたユーザーや顧客を対象にしているか、という点です（図5-5）。

図5-5　運用のタイプ

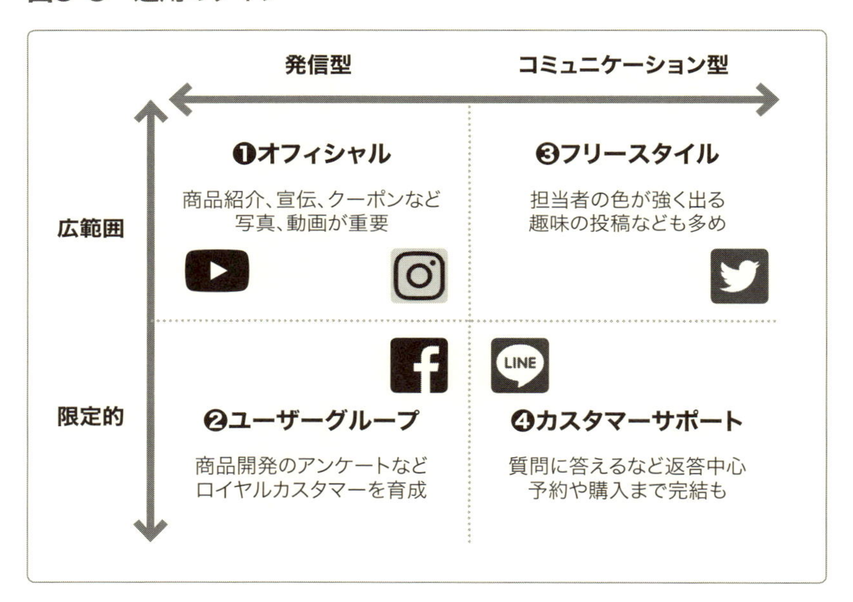

動画などで積極的にブランドを発信している企業は、Instagramだけではなく Twitter や Facebookでも同じような運用スタイルを取っている場合が多いです。

大きな原則としては、コミュニケーションが増えるほど担当者の自由な発信が必要となるため、より広範な権限委譲が必要になります。たとえば、1人に返信するのに上司の許可が必要、というような会社では社内で計画したとおりの発信しかできないでしょう。ですから、ユーザーとのコミュニケーションが増えると、不用意な発言をするリスクも高まります。

それでは、どのようなタイプの運用があるのか、次の実例を見ていきましょう。

❶オフィシャル型 —— スターバックス

SNSを活用しながらブランドイメージを保っている企業の1つに、スターバックスがあります（図5-6）。

図5-6　スターバックスの投稿

スターバックスは、特に新商品がネット上で拡散されることも多く、顧客が写真を載せることも多いのが特徴です。新商品がTwitterなどで話題になると、初日の売上は予想に反して2～3倍になるケースも少なくない[5-10]とのことです。

5-10：経済産業省「ソーシャルメディア活用 ベストプラクティス」2016年。
http://www.meti.go.jp/policy/economy/consumer/consumer/pdf/sns_best_practice.pdf

アカウント自体に担当者の個人的なメッセージはほとんどなく、商品が中心です。Twitterでのリプライやフォロワーのコメントに対して、積極的にリプライや返信を行っているわけではありません。

一方、載せられている写真や動画のクオリティは高く、スターバックスの持つブランドイメージを毀損することなく上手に顧客との接点を保っています。

何より、Instagramにおいてその影響とブランド力は顕著で、2017年の日経デジタルマーケティングの調査[5-11]によれば、「購入要因として企業のInstagram投稿が多かった企業」の1位にも選ばれています。

このように、ブランドイメージを大事にするなら、担当者は黒子に徹し、あえてクオリティの高い写真や動画などの素材を売りにする、という戦略もあります。

❷ユーザーグループ型 —— 良品計画

良品計画（無印良品）は、ご紹介した2017年のソーシャルメディア運用の最先端企業として知られています。先ほどの日経デジタルマーケティングの調査によると、無印良品はもっとも効果的にデジタルメディアを売上に結びつけている企業に選ばれています。

良品計画のソーシャルメディア活用においてもっとも特徴的なのが、黎明期より顧客のフィードバックを受け、商品開発に活かしている点です。経済産業省の資料によると[5-12]、自社のユーザーコミュニティ「IDEA PARK」などに寄せられる要望は年間8,000件にのぼり、スタッフがその

5-11：小林直樹、中村勇介、降旗淳平「1位は無印良品、デジタルメディアの効果的な活用が売り上げに直結【特集】デジタルマーケティング100（1）」日経ビジネスオンライン、2017年。http://business.nikkeibp.co.jp/atcl/report/15/226265/071600150/

5-12：経済産業省「ソーシャルメディア活用 ベストプラクティス」2016年。http://www.meti.go.jp/policy/economy/consumer/consumer/pdf/sns_best_practice.pdf

全てに目を通しているそうです（図5-7）。既存品の改良なども含めて、年間100件近くが商品化に至っている、ということです。

図5-7　IDEA PARK

ソーシャルメディアは必ずしも、直接的な売上につながるとは限りません。

既存の熱心な顧客のフィードバックを受けたり、顧客とともに共創していくことも、ソーシャルメディアにおいて可能なことの1つです。

このように、単純な売上やフォロー数、流入数というだけではない活用法ができると、ソーシャルメディアの可能性も広がります。

❸フリースタイル型――タニタ

フリースタイル型の運用をする場合、メインはTwitterになります。Twitterは「リツイート」「引用ツイート」などが起こることで拡散されて、また文章中心でも拡散されるので、必ずしもしっかりとセットしてキレイに作り上げた素材を利用する必要はありません。

古くからSNSを活用しているタニタ株式会社の担当者は、2013年のインタビューで、「通常のツイートと商品関連ツイートの割合は9対1」と語っています[5-13]。

非常に強く担当者の色が出ているアカウントです。ほとんどが趣味投稿で、担当者個人のファンも少なくありません。また、企業公式アカウント同士の交流も活発で、この交流が『シャープさんとタニタくん@』（リブレ出版）としてマンガ化されました（図5-8）。

図5-8　なぜかシャープと一緒にマンガ化

このタイプの運用は、よくも悪くも担当者レベルの能力によって左右されます。**きちんと愛されながら影響力を持つことができる運用担当者が見つかるかが鍵でしょう。**

5-13：加納恵（編集部）「廃れない、埋もれないSNSアカウントを目指すタニタ-- 『大切なのは突き抜けること』」CNET Japan、2013年。
https://japan.cnet.com/article/35036423/

また、ソーシャルメディアの担当者に権限委譲をしなければ成立しないため、いわゆる「炎上」リスクも低くありません。

たとえば、45万人のフォロワーを誇るシャープの公式アカウントですら、不用意な発言によって炎上[5-14]したことがあります。

❹カスタマーサポート型 —— ドミノ・ピザ

ドミノ・ピザは、2015年からLINEで注文できるシステムを構築しています（図5-9）。

図5-9　LINE注文

クーポンを配布して、その場でアプリを閉じることなく注文することができる。つまり、宣伝から販売まで全て1つのプラットフォームで行えるのです。

5-14：任天堂の製品に関する発言で、2017年に一時運営停止の措置が取られました。

顧客が一般的に使っているプラットフォーム上でのやりとりを完結させることで、良質なユーザー体験をもたらすことができます。2016年にスタートしたLINE経由の売上は開始4カ月で1億円を超える[5-15]など、大きな反響を呼びました。

情報の拡散や顧客の集客だけがSNS活用ではない、という好例ではないでしょうか。

とりわけ、LINE（LINE@）は、もはやインフラであり、様々な形で活用されています。

GoogleではなくSNSで検索する時代?

現在では、GoogleではなくTwitterやInstagramで検索するユーザーが若年層を中心に増えています。

たとえば、ソーシャルメディア・マーケティングを手がけるLIDDEL株式会社が2016年に行った調査[5-16]によると、若年層100人に「利用している検索エンジンは？」という質問をしたところ、以下のような結果がでました。

5-15：降旗 淳平、小林 直樹、中村 勇介「1位はドミノ・ピザ、LINEの新たな活用施策を見いだした企業が躍進」日経デジタルマーケティング、2016年。
http://business.nikkeibp.co.jp/atcldmg/15/132287/021900112/

5-16：ECzine編集部「Yahoo!、Google検索はもう古い？　若者はツイッターやインスタグラムでなにを検索しているのか」ECzine、2016年。
https://eczine.jp/news/detail/2779

□1位「**Google**」(33%)
□2位「**Twitter**」(31%)
□3位「**Instagram**」(24%)
□4位「**Yahoo!**」(12%)

リサーチ企業のマクロミルによる別の調査[5-17]でも、Instagramの検索機能を頻繁に利用する割合は、10代女性で13%、20代女性で12%と、一定程度利用されていることがわかります。

とりわけ、ファッションや飲食、旅行などは写真から受ける印象も強く、また顧客が実際に利用したり、訪れた様子がわかるため、Googleよりも判断しやすいとする人が多いようです。

様々な検索チャネルが増えている中で、ソーシャルメディアを活用しないのは大きなリスクになり得ます。

とりわけ、若年層にアピールしたい、ブランドイメージが重要、リアルタイムにサービスを提供したいなどの理由がある場合、SNSは必須ではないでしょうか。

5-17：ジャスミン「2016年夏、Instagramの今(SNS利用状況調査より)」市場調査メディア ホノテ、2016年。
https://honote.macromill.com/report/20160726/

5-4 YouTubeと動画マーケティング

2017年までに、動画は全てのインターネットのトラフィックの74%を占め[5-18]、63%のユーザーは少なくとも毎日1回は動画を見ています[5-19]。それでは、動画をどのように利用すれば、もっとも効果を出すことができるのでしょうか？

動画広告 ≠ YouTube

動画というと、まずイメージするのはYouTubeだと思います。

しかし、近年ではFacebook・Twitter・Instagram・Snapchatなど様々なプラットフォームで動画が利用されていますし、通常のディスプレイ広告でも動画広告が利用されるケースもあります。

動画広告の増加理由は4G・LTE環境の普及によって、モバイルの通信環境が高速化したことです。スマートフォンで動画が視聴できるようになった結果、よりリッチなクリエイティブが求められるようになっているのです。

Live vs 短時間動画 ――「生」のよさ

近年、動画に関しては2つの大きな流れがあります。1つはライブ動画の普及、もう1つは短時間動画の流行です。

ライブ動画は、もともとUstreamなど一部のプラットフォームが扱っ

5-18：“Internet Trends Report”,Kleiner Perkins,2017.
https://www.kleinerperkins.com/perspectives/internet-trends-report-2017

5-19：Megan O'Nelll,“The State of Social Video 2017：MAKRETING IN A VIDEO-FIRST WORLD [Infograpic]”,ANIMOTO blog, 2017.
https://animoto.com/blog/business/state-of-social-video-marketing-infographic/

ているだけでしたが、YouTube Liveの導入がはじまり、FacebookやTwitterでも直接ライブ動画を配信することができるようになりました。実際、89%以上のユーザーが、週に数回の動画をFacebookやTwitterなどのソーシャルメディア上で見ています[5-20]。

また、スマートフォンで誰もが簡単にライブ配信を行えるようになりました。Ciscoの2016年の調査によると[5-21]、2021年にはライブ動画は全ての動画トラフィックの13%を占めると見られています。

もう1つの潮流は、短時間動画の普及です。YouTubeだけではなく、Twitter社が買収して閉鎖したVineにはじまり、Instagramのストーリー機能や、Twitterの動画投稿機能など、30秒程度の動画が爆発的に増加しました。

現代では情報量が増加したため、なかなか長い動画を最後まで見てもらうことが難しいという点もあります。

いずれにせよ、もはや「動画マーケティング」という独立した手法は存在せず、動画はクリエイティブに欠かせない手法である、という認識が広まってきたと考えられます。

このように、プラットフォームの変化によって、動画を作る側のハードルも下がっています。昔であれば、かなり大掛かりな機材が必要でしたが、ライブ配信や短時間動画であれば、それほど編集の手間もかかりません。

作り込んだ素材を用意しなくても、距離の近い発信は可能なのです。

5-20：Megan O'Nelll,"The State of Social Video 2017 : MARKETING IN A VIDEO-FIRST WORLD[infographic]",ANIMOTO blog,2017.
https://animoto.com/blog/business/state-of-social-video-marketing-infographic/

5-21：Cisco,"Cisco Visual Networking Index: Forecast and Methodology, 2016-2021",Cisco public,2017.
https://www.cisco.com/c/en/us/solutions/collateral/service-provider/visual-networking-index-vni/complete-white-paper-c11-481360.pdf

動画広告　vs　画像広告

動画広告と画像広告については、いくつかの調査結果があります。AOLに買収されたアドネットワーク企業であるMillennial Mediaの2015年の調査[5-22]によると、モバイルにおける動画広告のエンゲージメント率は、画像広告の5倍にのぼります。

Googleのベンチマーク[5-23]（2018年に取得）によると、日本の画像広告のクリック率は0.1%なのに対し、動画広告のクリック率は0.51%と、5倍以上の数値です。

基本的に、動画は画像よりも注意、注目を引くことができると考えてもいいでしょう。

動画の長さとサイズについて

Googleの調査[5-24]によると、ブランドを想起させることと、ブランドの好感度を上げることは、必ずしもイコールではないようです。

調査では、15秒、30秒、60秒の動画を用意したところ、15秒の動画は早い段階でブランド名などを出すため、顧客にブランドをもっとも想起させました。一方、長い動画は、ブランドの好感度を上げることには成功しましたが、スキップされてしまった場合、いったい何のCMかわからないまま終わってしまうため、ブランド想起率で劣ります。

5-22：Ginny Marvin,"Report: Mobile Video Ads 5X More Engaging Than Standard Banners",Marketing Land SECTIONS,2015.
https://marketingland.com/report-mobile-video-ads-5x-more-engaging-than-standard-banners-123898

5-23：Display Benchmarks,Google Rich Media Gallery.
https://www.richmediagallery.com/learn/benchmarks

5-24：Ben Jones,"In Video Advertising, Is Longer Stronger?",think with Google,2016.
https://www.thinkwithgoogle.com/consumer-insights/unskippable-video-advertising-ad-recall-brand-favorability/

複雑でよりよいストーリーを提供すればブランドの好感度は上昇しますが、その分ブランドへの想起は落ちてしまうのです。また、この調査では、VTR（ビュースルーレート＝スキップされなかった率）が30秒の動画でもっとも高かったことがわかっています。

加えて、インストリーム広告のサイズ別に見ると、横長の動画が比較的最後まで見られる傾向にあるようです（図5-10）。これは、Part 3で紹介した人間の視線の動きからも理解できます。

図5-10　サイズ別の動画再生完了率[5-25]

動画サイズ	動画を最後まで再生した割合（%）
160×600	35.51%
300×250	41.38%
300×600	40.58%
728×90	45.93%
970×250	57.5%
970×90	50%

5-25：“Display Benchmark”,think with Google,2018.
https://www.thinkwithgoogle.com/tools/display-benchmarks/

part

6

世界最強の広告ツール

―― リスティング広告

6-1 リスティング広告（検索連動型広告）とは何か

6-1では広告について解説していきます。まずは、リスティング広告（検索連動型広告）について説明します。中小企業にとっても利用しやすく、パフォーマンスも上がりやすい広告手法ですが、どのような点に気をつければよいのでしょうか？

検索連動型広告の誕生

Googleが誕生して数年間、Googleは赤字でした。彼らは同じ検索サービスを提供するエキサイト社に自分たちの検索エンジンを売却しようとしましたが、成功しなかったほどです（エキサイト社は後に大きく後悔することになったでしょう）。

収益化を可能にしたのは、検索エンジン連動型広告の誕生です。アメリカの調査会社eMarketerによると、世界最大の検索エンジン連動型広告であるGoogle広告は、アメリカだけで285億ドルもの収益を2017年の1年に生んでいると推計されています[6-1]。

Google広告はアメリカの検索連動型広告の収益全体のうち77%を占めており、競合のMicrosoft Bingの10倍近い数字です。圧倒的なほどの独占市場と言えるでしょう（実際、独占禁止法の対象になりかけたこともあります）。

GoogleやYahoo!には、無料の自然検索（オーガニック）だけではなく、有料の広告枠があります。

6-1 : Ginny Marvin,“Report: Google earns 78% of $36.7B US search ad revenues, soon to be 80%”,Search Engine Land,2017. https://searchengineland.com/google-search-ad-revenues-271188

有料広告枠は、**顧客が検索した内容に合わせて広告を表示するので、顧客にとっても利便性が高いです。さらに企業にとっても、見込み顧客に近い顧客にアプローチできるため、大変強力なツールになっています。**

リスティング広告は、顧客の検索行動に合わせて広告が表示されるため、広告だと思わないままクリックしてしまう顧客もいます。たとえば、ショッピング広告などは、一見自然に出てきた検索結果のようにも見えるのではないでしょうか（図6-1）。

このような「ユーザーのニーズに応えながら広告を表示する」手法こそ、リスティング広告を大きく押し上げた要因と呼べるでしょう。

図6-1　検索の広告枠

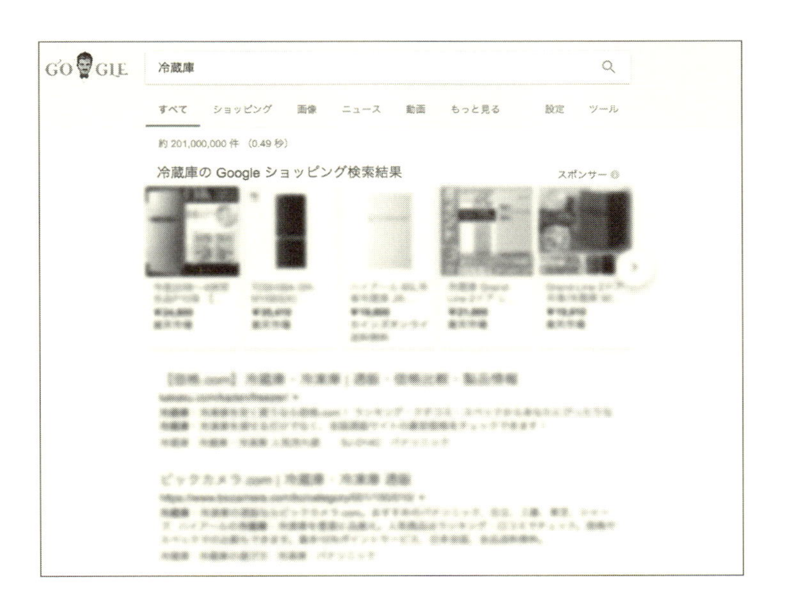

Googleにとってもこの広告形態は都合がよいのです。オークション形式で、需要が高いものには高いクリック単価を付けられるため、単なるバナーよりもはるかに「稼げる」広告商品となりました。

Part 2で紹介したキーワードプランナーを使えば、1クリックあたりの推定の単価が調べられます。図6-2は、主な高額キーワードです。

図6-2　主な高額キーワード（2017年　キーワードプランナーによる調査）

キーワード	推定の 月間検索数	推定の 1クリック単価
転職	10万－100万	¥1,199
カード　ローン	1万－10万	¥4,468
不動産　投資	1万－10万	¥1,279
脱毛	1万－10万	¥1,700

1件あたりの単価が高いものだと、1クリックの単価も高額になることはありますが、これはごく一部で、多くのキーワードは50～200円くらいに収まります。

業界平均と比べてみよう

クリック率やコンバージョン率は、業界や商材によっても全く違います。

したがって、一概に平均や目標は言えません。有益な方法は、競合を知って、競合の分析をすることです。

図6-3はアメリカにおけるデータですが、クリック率の違いをご理解いただけると思います。

図6-3　Google広告における、業界ごとのクリック率データ(アメリカ)[6-2]

Industry	平均クリック率(検索)	平均クリック率(ディスプレイ)
政治	1.72%	0.52%
自動車	2.14%	0.41%
法人向け	2.55%	0.22%
消費財	2.40%	0.20%
オンラインデート	3.40%	0.52%
eコマース	1.66%	0.45%
教育	2.20%	0.22%
人材・転職	2.13%	0.14%
お金・保険	2.65%	0.33%
健康・医療	1.79%	0.31%
家具	1.80%	0.37%
製造業	1.40%	0.35%
法律	1.35%	0.45%
不動産	2.03%	0.24%
テクノロジー	2.38%	0.84%
旅行	2.18%	0.47%

6-2 : Mark Irvine,"Google AdWords Benchmarks for YOUR Industry [Updated]", WordStream,2018.
https://www.wordstream.com/blog/ws/2016/02/29/google-adwords-industry-benchmarks

なぜGoogle広告は検索連動型広告の覇者となったのか？ ＞

Google広告は、世界で最初の検索エンジン連動型広告でしょうか？実は、違います。Overture（現Yahoo!スポンサードサーチ）が、Google広告より前に存在していました。

では、なぜ、Google広告が世界で独占的な検索連動型広告になれたのでしょうか。その理由の1つは、オークションモデルです。

全米経済研究所の調査[6-3]によると、Overtureが1997年当時に採用した「ファーストプライスオークション」と呼ばれるオークションモデルには大きな問題がありました。

Overtureが採用したオークションモデルは、もっとも高い金額を付けた広告主がその検索キーワードに対する枠に広告を出稿できるというものでした。

しかし、このオークションモデルには大きな問題がありました。たとえば、1つのキーワードを100円で入札できたとし、競合は80円で入札していたとします。当然ですが、100円で入札した広告主は、より低い金額で入札しようとチャレンジをします。つまり、常に価格に対して下方圧力が働き、金額が安定しないのです。

その一方、Google広告が2002年に採用した「セカンドプライスオークション（Overtureも後に採用することになりますが)」は、自分の入札金額ではなく、自分よりも低い順位（i＋1）の単価を採用しています。

先ほどの例で言えば、100円で入札した広告主が支払う金額は80円です。100円で入札しようが、90円であろうが、あるいは150円であろう

6-3：Benjamin Edelman, Michael Ostrovsky, Michael Schwarz,"Internet Advertising and the Generalized Second Price Auction: Selling Billions of Dollars Worth of Keywords", National Bureau of Economic Research,2005. https://www.nber.org/papers/w11765

が、広告主の支払う金額は変わりません。この仕組みは、顧客にとっても安心であるだけではなく、実際に収益も大きくなることが研究によってわかっています。

もう1つの大きな要素は、品質スコアの採用です。

これは、広告が顧客にとって効果的であるかをオークションの要素に入れるというものです。

これによって、広告自体を顧客にとってよりよいものにするインセンティブを作ることに成功しました。

Google広告（旧Google AdWords）

Googleが提供する、リスティング広告を含めた総合的な広告プラットフォーム。

リスティングとGDN（Google Display Network）、YouTube、Android Play Store広告などが利用できます。

検索では、Google検索の他に、Google Search Partnerとして、Goo、AOL、Excite、Askなどの検索サイトにも出稿可能です。

Yahoo!プロモーション広告

Yahoo!が提供する、リスティングを含めた広告プラットフォーム。

Yahoo!の検索自体はGoogleのアルゴリズムを利用しているので、Yahoo!を利用しても一定額をGoogleにマージンとして払っているのが実情です。

YDN（Yahoo Display Network）やTwitterなどにも出稿可能です。

SEOとリスティング広告の違い❶ ── 短期間で流入をコントロールできる

すでにSEOについて考えてきた皆さんからすれば、リスティング広告はそれほど難しくないはずです。なぜなら、どのようなキーワードが重要か？　どのようなキーワードを重視すればいいか？　という点についても、ある程度地図があるからです。

SEOとリスティング広告が大きく違う点は何でしょうか？　それは、**リスティング広告は収支の計算さえつけば、ある程度短期間で効果を上げることが可能であるということです。**検索トラフィックを増やす、ということでSEOの施策を行っても、効果の保証はありませんし、効果が出るまでにはある程度の時間はかかります。しかし、リスティングであれば、費用さえ増やせば流入は増やせます。

コンバージョン単価やROI（投資対効果）さえあえば、すぐに費用を拡大し、顧客の獲得を増やすことも可能です。

SEOとリスティング広告の違い❷
── 広告文とランディングページをコントロールできる

SEOとリスティングは、基本的な考え方は共通しています。つまり、需要があるキーワードを探し、それに対して広告を配信する、ということです。しかし、もっとも大きな違いは、リスティング広告はより柔軟に顧客の誘導が可能だということです。たとえば、花の通販サイトのケースで考えましょう。通販サイト側は母の日に合わせて、「顧客を特設ページに誘導したい」と考えます。

もし検索エンジンで「母の日　プレゼント」というキーワードに対して、顧客を特設ページに誘導しようとすると、コンテンツを作り込み、リンクを仕込まなければ難しいでしょう（Part 4でも述べましたが、PLPと呼ばれる重要概念です）。

実際、顧客を特設ページに誘導しようとしても、コンテンツがしっかりしていなければ、トップページのほうが検索順位が上になってしまう可能性もあります。検索エンジンはコントロールできないので、それほど柔軟な運用はできないのです。**それに対して、リスティング広告であれば、どこに顧客を誘導するかワンクリックで変更することができます。**

検索数の少ないキーワードにリスティングを利用した実例

Googleの日本法人が、中小企業に向けて、Google広告の利用者増加のために行ったキャンペーンを紹介します。

このキャンペーンは、様々な企業に鍵のかかった箱型のDM（ダイレクトメール）を送り、特定のキーワードを検索してもらうことで、その鍵を開ける暗証番号が手に入れられる、という仕組みでした[6-4]。

当然、このキーワードに対して広告を配信していますので、実際にリスティング広告がどのように機能するかがわかるのです。

このように、あまり検索されてないキーワードをフックにして、テレビCMやDMと連動するという手法は、度々使われています。

SEOとリスティング広告の違い❸ ──「広告主＝お客様」になる

SEOに関しては、検索エンジンとWebサイトの目指すことは一緒です。つまり、顧客にとってよりよいWebサイトを作ることが、検索エンジンに評価される近道でもあります。そのために、検索エンジンは日々進化しています。

しかし、"広告"のみにフォーカスすれば話は違います。当然、Yahoo!やGoogleから見れば、広告主である企業がお客様です。油断している

6-4：販促会議編集部「『鍵付き』グーグルのDMがグランプリ受賞──第28回全日本DM大賞発表」AdverTimes、2014年。
https://www.advertimes.com/20140227/article148884/

と効果が低いまま、広告費ばかり消化してしまうことになりかねません。

近年、アプリ向けのキャンペーンなどは設定項目が極端に少なくなるなど、徐々にチューニングすることの重要性が薄まってきましたが、通常の検索キャンペーンであれば、まだまだ日々のチューニング・カスタマイズが重要です。

指名キーワードには出稿したほうがよい？

会社名やサービス名などの指名キーワードに、わざわざ広告を出稿するかどうかは、ある意味「永遠の課題」です。

当然、指名キーワードであれば自然検索で1位が取れているので、とくに出稿する必要性もなさそうに見えますが、競合他社が出稿することも違法ではない（ただし揉めるのでおすすめしません）ため、予防的に出稿するケースが多いようです。

2012年のGoogleの調査によれば、自然検索で1位にある場合でも、広告の66%のクリックは増加分であり、広告を止めた場合、その半分のクリックは獲得できなくなってしまう、ということです[6-5]。また、アメリカの広告代理店である3Q Digitalの調査によれば、指名キーワードで広告を掲載した場合と、しなかった場合とを比べ、クリック数が153%に上昇しました[6-6]。

6-5 ： “New research: Organic search results and their impact on search ads”, Google Inside AdWords,2012.
https://adwords.googleblog.com/2012/03/new-research-organic-search-results-and.html

6-6 ： Frederik Hyldig,“Should You Bid On Your Own Brand Name In Adwords?”,3Q Digital,2015.
https://3qdigital.com/google/should-you-bid-on-your-own-brand-name-in-adwords/

6-2

リスティング広告の基礎の基礎

6-2では、リスティング広告の基礎についてお伝えします。実際の設定方法や細かい使用方法については触れませんが、おおまかな考え方をつかんでください。本書では基本的にGoogle広告を前提に説明していますが、最後にYahoo!リスティング広告についても触れています。

リスティングの基礎❶ —— キャンペーン構成を考えよう

まず重要なのは、キャンペーン構成について理解することです。キャンペーン構成は、たとえば図6-4のようになります（あくまでイメージです）。

図6-4　キャンペーン構成

キャンペーン	広告グループ	キーワード	広告
キャンペーン 東京	花　通販	[花　通販]	花の通販なら！
		+花+通販+おすすめ	
	花　おすすめ	[花　通販]	おすすめの花が見つかる
		+花+プレゼント+おすすめ	
キャンペーン 大阪	花　通販	[花　通販]	花の通販なら！
		+花+通販+おすすめ	
	花　おすすめ	[花　通販]	おすすめの花が見つかる
		+花+プレゼント+おすすめ	

キャンペーン

キャンペーンレベルでは、予算や配信地域（日本、海外などの国、東京都、大阪府などの都道府県レベルなど）、配信スケジュール、配信デバイス（デスクトップ・アプリ・スマートフォンなど）ごとの単価調整などが行えます。

広告グループ

キーワードなどのターゲティングと、広告クリエイティブの組み合わせを格納しているのが広告グループです。

広告グループでキーワードとクリエイティブを紐付ける形になりますので、この紐付け、つまりマッチングの部分が品質スコアに大きく影響します。

よくやってしまいがちなのが、広告グループを複数作っても、広告が一緒になっているケースです。これではほとんど意味がありません。

Hagakureとは

Googleが推奨するアカウント構造として「Hagakure」があります。本書では詳しく紹介できませんが、ぜひ検索してみてください。

品質スコア（QS／Quality Score）

□推定クリック率
□広告の関連性
□ランディングページの利便性

品質スコアは、上記3つの要素で構成される、「広告の品質」の要素です。それぞれ10点満点で表示され、「1から3」が悪く、「4から6」が普通、「7から10」が高めです。

推定クリック率は、似たキーワードに出稿している広告の中で、どの程度クリック率が高いのか、広告の関連性は、たとえばキーワードが「花　通販」なら、同じ「花」と「通販」が入っているか、という点などが考慮されます。

ランディングページについては、ページの速度や見やすさなどが考慮されます。

広告の掲載順位（Adrank）は、以下の式で表すことができます。

推定入札単価　×　品質スコア

つまり、品質スコアが倍になれば、入札単価を半分に減らせるわけです。それほど、品質スコアというのは重要です。品質スコアを上げるためには、可能な限りキーワードと広告の親和性を高め、またクリック率が上がるように競合をチェックしていく必要があります。

リスティングの基礎❷ —— コンバージョンをセットしよう

コンバージョンとは

ユーザー登録、商品購入など、顧客に起こしてほしい行動のことを指します。

私がGoogleに勤めていた頃、こんなことがありました。

あるアカウントに電話したところ、「大丈夫だよ、だってすごくコンバージョンが上がっているからね」という返答をいただきました。そこで、私も通販会社のコンバージョンをチェックしてみたところ、確かに通販会社のアカウントはコンバージョン率が高かったのです。

というより、高すぎました。なぜならば、100%だったのですから。慌ててチェックすると、なんとトップページにコンバージョンタグが貼られていたのです。

ともかく、コンバージョンは重要です。

コンバージョンを考える❶　マイクロコンバージョン

コンバージョンに関しては、どこをコンバージョンポイントとするか？　というのも重要なポイントです。

たとえば、通販サイトであれば、カートに入れる、会員登録する、実際に購入する、などのポイントもコンバージョンになり得ます。

それらをコンバージョンにセットした上で、重み（コンバージョン値）を変えることもできます（カートに入れるのは500円、会員登録は1,000円のように）。

コンバージョンを、本番の前の時点でセットすることは「マイクロコンバージョン」と呼ばれます。

コンバージョンを考える❷ コンバージョンの種類を考える

一口にコンバージョンと言っても、Google広告でサポートされているものはいろいろあります（図6-5）。

図6-5　コンバージョンのモデル

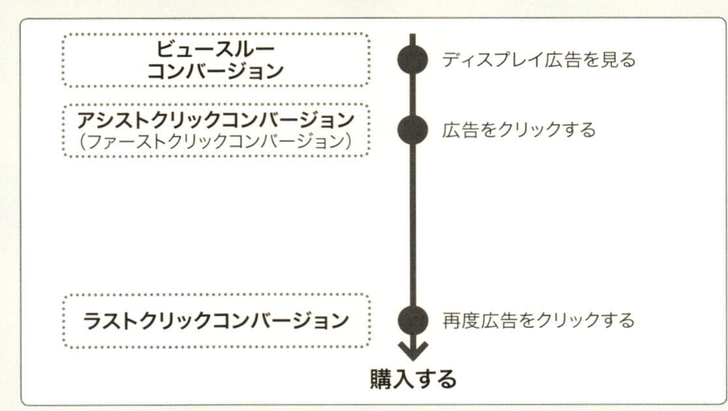

ラストクリックコンバージョン

いわゆる「コンバージョン」でイメージされるのは、このラストクリックコンバージョンではないでしょうか。つまり、「最後のクリックが直接的に寄与しているかどうか」をコンバージョンの判定に利用するモデルです。

しかし、あまりに使われている指標だけに、必ずしもベストではない、という調査もあります。

ソーシャルメディアを対象にしたAdobeの調査[6-7]によると、ラストクリックコンバージョンよりもファーストクリックコンバージョン（最初に接点を持ったクリック）のほうが効果的で、94%も価値を増加させた、とあります。

これは、ソーシャルメディアを対象にした調査であるため、必ずしもリスティング広告に応用はできませんが、重要な指標と捉えてもよいのではないでしょうか。

とはいえ、ラストクリックコンバージョンの意味が薄れることはありません。直接的に購入に対して紐付いている以上、今後も使われ続けるでしょう。

アシストクリックコンバージョン

アシストクリックコンバージョンは、顧客が広告をクリックして、離脱をした後に別の何らかの手段でコンバージョンした場合に記録されます。

先ほどのファーストクリックコンバージョンもGoogle広告では、こちらでカウントされます。

6-7 ： MarkeZine編集部「ソーシャルでは『ラストクリック』よりも『ファーストクリック』アトリビューションを重視すべき【アドビ調査】」MarkeZine、2012年。
https://markezine.jp/article/detail/15413

ビュースルーコンバージョン

ビュースルーコンバージョンは、顧客がディスプレイ広告などを閲覧した後にコンバージョンした場合、記録されます。

ディスプレイで閲覧したからといって、それがイコールで認知を取れているとは限りません。これは将来的に購入しそうな、見込み顧客を対象にディスプレイ広告を出しているというケースもあるのです（ビュースルーコンバージョン自体、ディスプレイの効果を水増しするために作られた指標ではないか？という批判は当然あるものと思います）。

ラストクリックコンバージョンと同程度には比較できないとはいえ、一定の指標にはなるでしょう。

クロスデバイスコンバージョン

クロスデバイスコンバージョンは、たとえばスマートフォンで検索して広告をクリックした後、PCなどで別途コンバージョンした場合に記録されます。

たとえば、顧客がスマートフォンで通販サイトの決済をしたくないという場合もあるでしょう。そういったコンバージョンを拾うために、クロスデバイスコンバージョンが存在しています。

リスティングの基礎❸——マッチタイプを考えよう

キーワードには、それぞれ「マッチタイプ」が存在します。登録したキーワードに対して、どの検索クエリに表示するかということを決めるのがマッチタイプです（図6-6、図6-7）。

図6-6　マッチタイプのイメージ

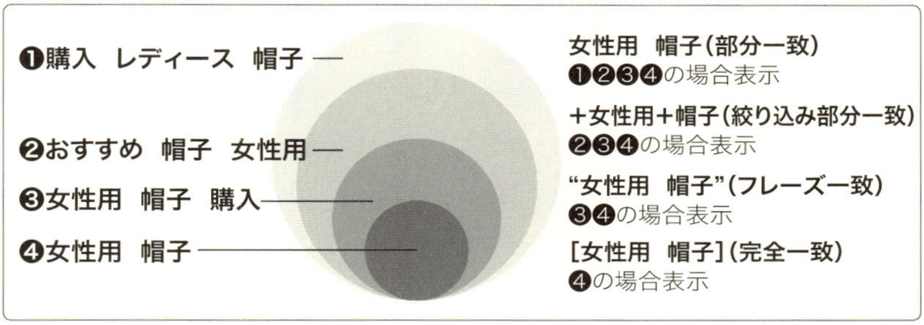

図6-7　マッチタイプの一覧

	記法	検索語句の例
部分一致	女性用　帽子	購入　レディース　帽子
絞り込み部分一致	+女性用　+帽子	帽子　女性用　おすすめ
フレーズ一致	"女性用　帽子"	女性用　帽子　購入
完全一致	[女性用　帽子]	女性用　帽子
		帽子　女性用

部分一致

部分一致は、もっとも広いマッチタイプです。最大の特徴として、キーワードの類似ワードを拾ってくるという点が挙げられます。

例にあるように「女性用」と「レディース」は類似の用語ですが、このように様々なキーワードを拾うため、予想もつかないような単語を拾ってくるケースもあります。

絞り込み部分一致／フレーズ一致

絞り込み部分一致は、簡単に言うと「類似の用語を拾わない部分一致」です。検索の場合、前後にいろいろとキーワードがひっつくケースがあります（「おすすめ」とか「激安」とか「地名」とか）。

フレーズ一致は、「順番を指定した絞込部分一致」です。英語圏の場合、順番が変わると意味が変化するケースがありますが、日本の検索の場合、基本的に単語を並べることが多いため、フレーズ一致が有用なケースはそれほど多くはありません。

Yahoo!には、絞り込み部分一致はありませんので、フレーズ一致が中心になります。

完全一致

完全一致は、読んで字のごとく登録したキーワードと完全に一致した検索クエリに対して表示するマッチタイプです。

ちなみに、「女性用　帽子」と「帽子　女性用」など、語順が違うものに関しても拾ってくれます。

リスティングの基礎❹——無駄なものは除外しよう

先述したように、キーワードは「広く拾うけど雑」なタイプか、「細かく拾うけど面倒」なものしかありません。

全てを完全一致で登録しようとすると、膨大な時間がかかります。それは、ディスプレイ広告などでも同じでしょう。いちいちURLを登録していくわけにはいきません。

ということで、ある程度広く登録して、無駄なキーワードを除外していく、という作業が必要になります。

Google広告やYahoo!プロモーション広告で重要なのが、この「除外」の作業になります。ここを丁寧にやらないと、どうしても無駄な金額が増えてくるのです。

キーワードやURLの除外だけではなく、時間帯、曜日（平日／休日）、地域など、運用していく中であまり効果が出ない部分が見えてきます。一定の金額を使ったあとは、それらについても検討していく必要があるでしょう。

リスティングの基礎❺——どんどん自動化していこう

近年、GoogleもUAC（ユニバーサルアプリキャンペーン）を導入し、アプリの広告に関しては人間の運用をなくしていくなど、自動化に舵を切っています。

単価調整など、人間がやるには複雑すぎる作業を自動化する方向に向かっているのも事実です。運用担当者に充分な経験があれば手動で作業するべきでしょうが、工数削減のために自動化を活用することを検討してもいいのではないでしょうか。

図6-8　Google広告における自動化の一覧

	説明	Yahoo!
クリック数の最大化	予算の中で最大のクリックを獲得する	○
検索ページの目標掲載位置	予算内でできるだけ上位に表示する	○
目標優位表示シェア	競合よりも多く表示するよう調整する	×
目標コンバージョン単価	目標とするコンバージョン単価を調整する	×
目標広告費用対効果	ROAS(広告費用対効果)を最大化する	×
コンバージョン数の最大化	予算内で最大のコンバージョンを獲得する	○

コンバージョン単価（Cost per Acquisition）

1つのコンバージョンを獲得するのに、何円の広告費を使っているか、という指標です。1コンバージョンの価値によって、いくらの額を広告にかけられるか？　が変わります。

かなり便利な指標なので、コンバージョン単価と消費金額しか見ない人もいるくらいです。

ROI／Return of Investment（投資対効果）

利益÷投資コストで計算されます。その投資がどれほどのリターンを生んでいるかの指標です。広告に関しては、同じようにROAS（Return On Advertising Spend）という指標が使われます。

Google広告とYahoo!プロモーション広告の違いとは？

最後に、Google広告とYahoo!プロモーション広告の違いについて説明します。

Yahoo!は検索エンジンとしてGoogleを採用していますが、広告プラットフォームは分かれています。

また、Google広告は、Yahoo!プロモーション広告の前身であるOvertureを参考にしているため、基本的な仕組みに関しては、大きな違いがありません。

2017年のニールセンの調査[6-8]によると、Googleの利用者数とYahoo!Japanの利用者数は、スマートフォンではほぼ互角で、PCではYahoo!Japanが上回っています。

検索数に関しては正確なデータがあるわけではありませんが、私が様々なクライアントのアカウントを拝見した限りでは、PCでは同程度、スマートフォンはGoogleの方が多い、という印象です。

全体では6～7割程度がGoogle、というくらいではないでしょうか。

日本においては両サービスともに多数のユーザーがいるため、大抵リスティング広告を行う場合、Google広告とYahoo!プロモーション広告に関しては、併用することになります。

ただし、見逃せないのが運用工数です。Yahoo!プロモーション広告の運用画面は、残念ながらGoogle広告ほど使い勝手は良くないため、初期設定などにかかる時間は長くなります。

そのため、予算が少額な場合であれば、Google広告からはじめることをおすすめします。

6-8：「TOPS OF 2017: DIGITAL IN JAPAN ～ニールセン2017年 日本のインターネットサービス利用者数ランキングを発表～」nielsen、2017年。
http://www.netratings.co.jp/news_release/2017/12/Newsrelease20171219.html

part

7

古きをたずね、
新しきを知る

—— ディスプレイ・ソーシャル広告

7-1 バナー広告の歴史

バナー広告は歴史が古く、おそらく顧客にとってなじみの深い広告でしょう。その一方、顧客に疎まれる広告でもあります。それでは、企業はこのやっかいな広告手法をどのように活用していけばいいのか、考えていきましょう。

バナー広告・ディスプレイ広告の誕生

スマートフォンを操作しているとき、邪魔なバナー広告にイライラしたことはないでしょうか？　答えは、おそらくイエスでしょう。

バナー広告は顧客に好かれる広告とは言いがたいです。アメリカのマーケティング調査会社Smart Insightsによると、バナー広告の**クリック率は、平均するとたったの0.05%です**[7-1]。

このような状況は広告ブロッカーの利用を促進しています。広告ブロッカーに無効化する広告を配信するパブリッシャーであるPageFairの調査によれば[7-2]、ユーザーの広告ブロッカー利用率は30%にものぼっています。

少し時代はさかのぼりますが、図7-1は、1994年に発表されたバナー広告です。今では考えられませんが、なんとこの広告を見た人の中で44%もの人が実際にクリックしました[7-3]。

7-1 : Dave Chaffey,"Average display advertising clickthrough rates",Smart Insights,2018.
https://www.smartinsights.com/internet-advertising/internet-advertising-analytics/display-advertising-clickthrough-rates/

7-2 : Matthew Cortland,"2017 Adblock Report",Pagefair,2017.
https://pagefair.com/blog/2017/adblockreport/

図7-1　はじめてのバナー広告

Have you ever clicked your mouse right HERE? → YOU WILL

　これは、AT&Tがhotwired.com（現在のWIRED）に設置した、「世界ではじめてのバナー広告」です。

　バナー広告はその後、すさまじい速度でインターネットの世界を席巻していくことになります。しかしながら現在では、顧客はバナー広告にうんざりし、特にスマートフォンにおいては、ますます顧客にとって鬱陶しいものへと変質しているようです。

スマホ広告は誤クリックばかり?

　PC上でのディスプレイ広告はスマホ広告に比べれば、行儀がいいといえるかもしれません。スマートフォン上では、いかに顧客に間違えてクリックさせるか？　ということに情熱が傾けられているため、誤クリックが多くなっています。

　調査によると、スマートフォン上での60%のクリックは、顧客が意図しないクリックであることがわかっています[7-4]。

7-3 ： ADRIENNE LAFRANCE,"The First-Ever Banner Ad on the Web",The Atlantic, 2017.
https://www.theatlantic.com/technology/archive/2017/04/the-first-ever-banner-ad-on-the-web/523728/

7-4 ： "60% of All Mobile Banner Ad Clicks Are Accidental",EContent,2016.
http://www.econtentmag.com/Articles/News/News-Item/60-percent-of-All-Mobile-Banner-Ad-Clicks-Are-Accidental-108919.htm

アドフラウドとデータの重要性

もう1つ、今の潮流として「アドフラウド」と呼ばれる現象があります。これは「広告が表示された」「クリックされた」とカウントされているにもかかわらず、実際にはbot（ロボット）が見ているだけという現象です。

アメリカのテック企業、pixalateの調査[7-5]によると、2017年のQ1（1月～4月）において、「日本のデスクトップの81%、モバイルの約10%がbotによるものだった」「約10%のインプレッションと動画の20%の視聴がbotによるものだった」と結論付けられています。広告業界全体の損失は数千億円規模にのぼるとの試算も出ています。

ディスプレイ広告が疑問視されているのは、このような理由もあるのです。

では、どのようにディスプレイ広告を活用すればよいのでしょうか？

7-5：“Ad Fraud Benchmarks Report — Q1 2017”,pixalate.
http://info.pixalate.com/ad-fraud-benchmarks-q1-2017

7-2

媒体を選ぼう

ディスプレイ広告を行う場合、媒体を選ぶことは非常に重要です。それでは、どのような種類の媒体があるのか、一緒に見ていきましょう。

Yahoo!と純広告

1994年、インターネットの歴史を変える1つのWebサイトが、スタンフォード大学の片隅でひっそりとオープンしました。

インターネットの巨大ポータルサイト、Yahoo!の誕生です。

Yahoo!

Yahoo!はジェリー・ヤンとデヴィット・ファイロが創業した、ポータルサイトの草分けです。様々な事業を有し、月間ユニークビジターはおよそ1億人に（2016年）なります。

インターネットの黎明期である1990年代のYahoo!はまさに、インターネットにおける「ポータル（玄関）」でした。今ほど検索エンジンが発達していなかった時代、お目当てのWebサイトに向かうためには、Yahoo!を経由する他ありませんでした。

だからこそ、Webサイトは競ってYahoo!のディレクトリに登録されることを目指したのです。

顧客にとって価値のあるWebサイトでなければ、Yahoo!への掲載は許可されませんでした。つまり、あらゆるWebサイトは、ユーザー価値の探求（あるいは、Yahoo!の担当者のお眼鏡にかないそうなコンテンツの探求）をはじめることになったのです。

インターネットの黎明期において、この事例ははじめての価値創造的なマーケティング事例と言えます。現代のコンテンツマーケティングやSEOにつながる流れは、このときすでにはじまっていたのです。

Yahoo!が犯した間違い

1990年代、Yahoo!は現在におけるGoogleとFacebookを合わせたほどの影響力を持っていました。ほとんどのインターネットユーザーが利用していたのです。

Yahoo!が犯してしまった致命的な失敗の1つは、2000年に検索エンジンの重要性を軽視し、自社の検索エンジンに、後の競合であるGoogleを使用してしまったことです。

シェアを奪い続けたGoogleに対抗しようと、AltavistaやInktomiなど、当時主要だった検索エンジンを次々に買収し、Yahoo Search Technologyとして統合し、自社検索エンジンに切り替えましたが、ときはすでに遅く、技術力に大きな差がついていました。

Y Combinatorの創業者で、Yahoo!の元従業員であるポール・グレアムによると、彼は1990年代後半に「Googleを買収するべきだ」と創業者自身にアドバイスしたそうです。

　グレアムはブログ[7-6]でこう語っています。

「1998年後半か、1999年はじめに、デヴィッド・ファイロにGoogleを買うべきだと言ったはずです。私も、他のほとんどのプログラマーも、GoogleをYahoo!検索の代わりに使っていましたから」

　それに対して、Yahoo!創業者のデヴィッド・ファイロはこう答えたそうです。

「検索は我々のトラフィックのたった6%だ。そして、我々は月に10%ずつ成長している。そんなこと、心配する必要はないよ」

　結果的にこの判断が命取りとなりました。

Yahoo! Japanとブランドパネル

　やがて、Yahoo!はバナー広告の取り扱いをはじめます。トラフィックが充分にあれば、インターネット上でも広告モデルが成立すると見抜いたのです。

　1996年には、Yahoo! Japanもバナー広告の取り扱いをはじめました。

7-6 : Y Combinator,“ Want to start a startup?”,What Happened to Yahoo ,2010. http://www.paulgraham.com/yahoo.html

Yahoo! Japan

米Yahoo!から独立した日本最大のポータルサイトの1つ。ニュースやスポーツなどのサービスが充実しています。2017年の平日月間利用者は3,377万人[7-7]。

Yahoo! Japanには様々な広告商品があります。高額なトップページの広告（Yahoo! JAPANトップインパクト）は、1週間の出稿金額が4,400万円から4,800万円となっています[7-8]（図7-2）。

図7-2　現在のYahoo!のトップページと広告枠

デジタル広告というと、安価なイメージがあるかもしれません。しかし、影響力も大きく、高額な広告商品も存在します。

7-7：「TOPS OF 2017: DIGITAL IN JAPAN ～ニールセン2017年 日本のインターネットサービス利用者数ランキングを発表～」nielsen、2017年。
http://www.netratings.co.jp/news_release/2017/12/Newsrelease20171219.html

7-8：Yahoo!プレミアム広告商品紹介（2017年12月14日）より
https://marketing.yahoo.co.jp/download/

代表的な媒体の広告は、図7-3の金額になります（それぞれ、2017年の媒体資料に基づきます）。

図7-3　広告の代表例と金額

媒体名	商品名	期間	金額
YAHOO! JAPAN	ブランドパネル　トリプルサイズ	1週間	500万円〜
クックパッド	レシピコンテスト	4週間	550万円
NAVERまとめ	スポンサードまとめ　プレミアム	2週間	400万円
日経電子版	フロントページオーナーシップ（特設枠なし）	1日（7:00〜14:00）	500万円

Webサイト（の運営企業）が直接管理するのが純広告です。

しかし、インターネットが普及し、小さなWebサイトがあちこちにできると、彼らも枠を売りたいという需要が出てきます。しかし、小さなWebサイトがいちいち独自の広告を出していては、広告を出すほうも手間ですし、サイト側も顧客が見つかりません。

そこで、アドネットワークという仕組みができました。これは、業者が無数の小さなWebサイトと契約し、一括で販売を請け負うという仕組みです（図7-4）。

図7-4　広告の種類

純広告	Yahoo!、クックパッドなど、大手のWebサイトが直接売買している広告枠
アドネットワーク	大小様々なWebサイトが設置し、専門の企業がそれらをまとめて売買している広告枠

Webサイトの広告インプレッションのことを、俗に「在庫（インベットリ）」と呼びます。アドネットワークであれば、在庫がなくなることはほとんどありません。規模を大きくすることで、需給のギャップをなくすことができます。

DSPとSSP

アドネットワークを利用する場合、様々なテクノロジーが使われます。

誤解されがちなのが、DSP（デマンド・サイド・プラットフォーム）とSSP（サプライ・サイド・プラットフォーム）の違いです。

図7-5のように、DSPは広告主側のテクノロジー（効果の高い枠に安く出すことを目的とする）であり、SSPはWebサイト（媒体）側が収益を最大化するテクノロジーであるということを覚えておけば大丈夫です。

図7-5 DSP／SSP

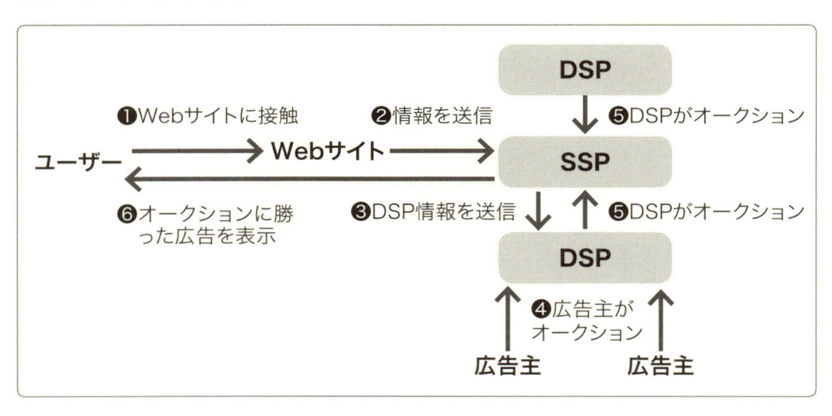

7-9 ： Googleが管理する世界最大のディスプレイネットワーク。2009年にadmobを買収し、YouTubeも傘下に置くなど、地球上のあらゆる場所に広告を出せるのが強みです。

Google Display Network[7-9]のように、SSP側の機能とDSP側の機能を兼ねているプラットフォームも存在しますし、Criteo[7-10]のようなテクノロジーに最適化しているプラットフォームも存在します。

特筆すべきは、これらの複雑なやりとりをわずか0.1秒程度で行っているということです。これらの買い付けとオークションのことをRTB（リアル・タイム・ビッティング）と呼びます。

DSP

広告主の要求に合わせて、在庫の買い付けを行うプラットフォーム。複数のSSPに接続して、広告主側のオーディエンスデータなどに合わせて広告主が買い付ける（ビッティング）べきかどうかを判断します。

SSP

Webサイトの枠を大量に保有し、収益を最大化するように売りを行うプラットフォーム。DSP側にはブラウザ情報やWebサイトのデータなどを送信し、複数のDSPのオークションを行うことで収益率を最大化します（イールドマネジメント）。

7-10：フランスを本社とするDSP。動的リターゲティング（閲覧情報を元に商品を表示する）を得意としていて、Google Display Networkに次ぐ存在感があります。

リターゲティング／リマーケティング広告

バナー広告／ディスプレイ広告は、概して顧客から無視されている広告手法であると言えます。しかしながら、手法を工夫することで、バナー広告でも効果を出すことは可能です。

たとえば、「リターゲティング／リマーケティング」と呼ばれる手法を使うことができます。

これは、一度訪れた顧客に対して、再度広告を表示することができる機能です（図7-6）。

図7-6 リマーケティングの仕組み

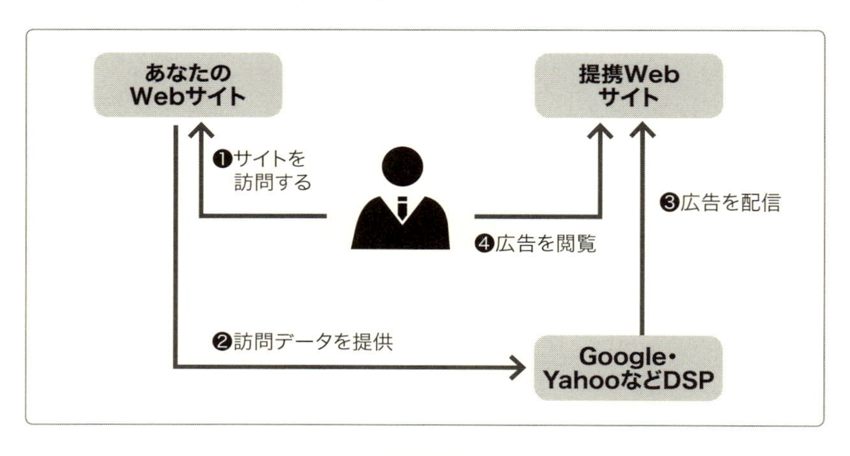

Part 3で述べたように、**広告の認知率はフリークエンシー（接触回数）が増えるたびに増加していきます。**リターゲティングは、顧客の注意力に限界があることを前提にした広告モデルです。

7-11：“comScore Study With ValueClick Media Shows Ad Retargeting Generates Strongest Lift Compared to Other Targeting Strategies”,comScore.
https://www.comscore.com/Insights/Press-Releases/2010/9/comScore-Study-with-ValueClick-Media-Shows-Ad-Retargeting-Generates-Strongest-Lift-Compared-to-Other-Targeting-Strategies

comScoreの分析[7-11]によると、リターゲティングは、他のディスプレイ広告に比べて、指名キーワードの検索数の上昇に大きな効果があることがわかっています（図7-7）。

図7-7　広告ごとの効果

	指名キーワード検索率	配信可能なリーチ数	必要なコスト
リターゲティング	1,046%	30	373
オーディエンスターゲティング（過去の閲覧履歴から配信する広告）	514%	30	329
純広告	300%	21	1,471
コンテンツターゲティング（関連するページに配信される広告）	130%	73	1,473
ノンターゲティング（全てのページを対象にコンバージョンに最適化された広告）	126%	100	100
クリック単価による自動化	100%	57	1

広告担当者あるある

広告業界にいると、様々なクライアントがいるため、リターゲティングでいくつもの広告に追っかけられます。全く知らない地域の分譲マンションの広告を見ながら、将来必要になるかもしれない、と思って淡々と消えるのを待つ。これも仕事です。

7-3

Facebook／Instagram広告の基礎

Facebookは、世界中で最大のSNSの1つであり、日本ではビジネスプラットフォームとしての側面も存在します。Instagramを買収したことで、広告でも必須のプラットフォームになっています。

Facebook広告の誕生とその意義

2004年に誕生したFacebookは、Googleと同じく、当初はずっと赤字でした。

しかし、Facebookにはこれまでにない特徴がありました。

顧客の結婚や出産、学歴や住所、就職先やおおまかな年収など、インターネット上でもっとも多くの情報を保有していたのです。

この情報を使うことで、「東京都港区に住む東大卒の20代未婚男性」にだけ広告を出すということも可能になりました。

つまり、顧客のライフサイクルに合わせた広告を効果的に出稿することができるようになったのです（図7-8）。

図7-8　Facebookの広告枠

Facebook広告は、それまでの媒体広告にはない高い精度（顧客への訴求力）を出すことに成功しました。とりわけ、転職や結婚などの単価の高い広告がよく見られます。

Facebook広告はGoogle広告の売上を急追し、2017年にはGoogle広告の売上の50%程度となる173億ドルまで成長しています[7-12]。

Facebook広告の特徴

Facebook広告の特徴は、先ほど述べた通り大量のユーザーデータを保有していることです。Facebookが買収したInstagramへの出稿、Facebook Audience Networkと呼ばれる外部パートナーへの出稿も可能です。

Part 2で書いたとおり、デモグラフィックが非常に有用なサービス（婚活サービス）もあれば、必ずしもデモグラフィックと紐付かないサービス（鍵の修理）もあります。

デモグラフィックが、自社の潜在顧客かどうかを判定する上でもっとも重要な要素であれば、Facebook広告の費用対効果は高くなるでしょう。

また、それらのデモグラフィックデータを使った「類似オーディエンス」などの機能を使うことで、さらに出稿量を増やすことも可能です。

趣味や関心も「料理」などの広いレベルではなく「オーガニックフード」など、細かいレベルで指定できます。

Facebook広告で設定できる目的も様々です。

□ **アプリインストール**

□ **ページへのいいね！**

7-12：“Google and Facebook Tighten Grip on US Digital Ad Market”,eMarketer,2017. https://www.emarketer.com/Article/Google-Facebook-Tighten-Grip-on-US-Digital-Ad-Market/1016494

□ Webサイトへの集客とコンバージョン
□ ブランド形成、認知
□ 動的リターゲティング広告
□ フォームへの入力

特筆したいのは、フォーム入力（セミナー誘導など）やメルマガ購読が可能なリード広告です。

これは、Facebookが名前とメールアドレスをすでに持っていることにより、ワンクリックでフォーム入力を可能にしています。Facebook広告だけの特徴でしょう。

また、Facebookは最低出稿金額がありません。極めて小さな金額からスタートできることも大きな特徴です。

Facebookクリエイティブの種類

Facebookは自社で在庫を抱えているため、クリエイティブにもかなり自由が利きます（他社Webサイトとなると、一体になって枠を変更することができないので）。

また、ニュースフィード画面に広告が出るため、動画・画像を問わず、非常に大きく広告を表示することができます。

広告クリエイティブのタイプも様々です。

□ 動画広告（フィード上で自動再生する）
□ カルーセル広告（複数画像を組み合わせた画像広告）
□ スライドショー広告（画像と音の組み合わせ）
□ キャンパス広告（Facebookのアプリ上で、Webサイトに近いポップアップ画面を表示し、訴求できる）
□ リード広告（セミナー申し込みなどのフォームを直接入力できる）

動画広告の重要性は上がっていますが、小規模の広告主であればそのためにいちいち動画を作るのはかなりの費用がかかります。画像だけでもダイナミックに顧客に訴求できる広告が作れることも、Facebook広告の特徴の1つと言えるでしょう。

Instagram広告は?

Instagram広告は、Facebookの広告プラットフォーム上で同じように出稿が可能です。動画広告や画像広告、カルーセル広告などはそのまま利用できる他、ストーリー（数秒程度の画像・動画を組み合わせることで1つのストーリーを作るInstagramの機能）の広告も利用可能です。

Instagramに関しては、出稿前にブランド形成することをおすすめします。安易に広告を出してしまっても、**Instagram全体の雰囲気や世界観に合わなければ顧客には見向きもされません。**

同じプラットフォームであるため共通して使える機能も多いですが、Facebookほど正確には顧客のターゲティングができないことにも注意してください。クリエイティブの品質などを含め、他の広告以上に厳しい目でのチェックが必要です。

よりよい運用のために

Facebook広告の最適化ロジックは、まだまだ進歩の余地があるというのが印象です（もちろんInstagramも）。

よりよい運用をしていくためには、デモグラフィックをどこまで絞りこめるかという点が重要になってきます。

仮説を立てた上で、上手くいっている部分といっていない部分をきちんと切り分ける。

これは、リスティング広告にも通じる運用のポイントです。

7-4

Twitter広告の基礎

日本では非常に影響力の大きいTwitterですが、広告プラットフォームとして見れば、GoogleやFacebookに一歩譲る印象もあります。Twitter広告を活用するための基礎知識をお伝えします。

Twitter広告の種類

Twitter広告には3つの種類があります。

プロモツイート

タイムライン上に流れてくる広告です。基本的にセルフサーブ（自分で運用するタイプ）の広告の場合、利用できるのは、この商品のみになります。

プロモトレンド

トレンド一覧に任意のハッシュタグを表示させる機能です。ハッシュタグを表示することで、ユーザーにつぶやいてもらえるなど、認知向上が狙えます。

通常、プロモツイートやテレビCMなどと併用するケースがほとんどです。

プロモアカウント

フォローの少ないユーザーに、おすすめアカウントとしてフォローを誘導する機能です。フォロワーを大きく増やすことができます。

Twitterがセルフサーブ（自分で設定する）式の広告をスタートさせたのは2015年。それまでは広告代理店を通すか、Yahoo!を通して出稿する形になっていました。Twitter広告は、まだまだ自分で運用するには不便な点も多くあるのが現状です。

広告の目的としては、

□ **Webサイトへの流入**
□ **アプリインストール／アプリ既存ユーザーへのリーチ**
□ **フォロワー獲得**
□ **ブランド構築、オーディエンス形成**
□ **メールアドレスの収集**

などを選ぶことができます。

効果的な使い方 >

Twitterは消費者向けのアプリインストールなどには効果的です。日本では非常に影響力の強いプラットフォームであるため、認知形成にも一定の効果があります。

その他の大きな特徴としては、動画や画像の素材を備えなくても、ツイートの文言を変えるだけでA／Bテストができるため、**クリエイティブのテストが行いやすいという点が挙げられます。**Instagramなどとは違う意味でクリエイティブのこだわりが重要なのです。

常に複数のツイートを並べながら、細かいA／Bテストを行うにはもっともよいプラットフォームと言えるでしょう。

Twitter自体がリツイートなど、拡散するのに向いているプラットフォームであるため、文言などを工夫すれば広告へ支払った以上に、効果的な拡散もできます。

実はAmazonのほうが上

日本では非常に影響力の大きいTwitterですが、諸外国では必ずしも順調にビジネスが伸びているわけではありません。

2017年のTwitterの広告規模は20億ドルですが、広告の規模としては、米Amazon（28億ドル）のほうが上[7-13]なのです。

とはいえ、2018年には上場以来初の黒字化を達成する[7-14]など、ジャック・ドーシーCEOの元で業績向上を図っています。

7-13：小久保 重信「ネット広告市場に忍び寄るアマゾンの脅威」 JBpress、2018年。
http://jbpress.ismedia.jp/articles/-/52215

7-14：兼松雄一郎「ツイッター、身の丈経営で初の黒字 規模より質追う」日本経済新聞、2018年。
https://www.nikkei.com/article/DGXMZO26730170Z00C18A2TJ1000/

part

8

成功するために失敗せよ

―― データ分析とA／Bテスト

8-1 なぜデータ分析はこれほど重要なのか

データアナリシス、ビッグデータ、データサイエンス……。最近よく耳にする言葉ですが、なぜ近年データ分析が、これほどもてはやされているのでしょうか？

データ民主主義の時代

Part 2でも述べたとおり、デジタル・マーケティングにおいては、ボトムアップの組織にすることが重要です。また、完全な計画も逆効果です。そして、そのために必要なのがデータであり、データ分析です。

世界でもっとも有名なA／Bテストツールの1つである、Optimizelyの創業者であるダン・シロカーは、これを「データ民主主義」と呼んでいます。

シロカーはもともと、バラク・オバマが大統領になった2009年の大統領選でインターネットの広報を担当していました。

このときのA／Bテストの事例は、Optimizelyの公式ブログ[8-1]で詳しく語られています。そのうちの1つとして、シロカーはより多くの政治献金を獲得するためにあるテストを行いました。

図8-1のボタンの中でもっともコンバージョンレートが高かったのは、どれだと思いますか？

8-1：Dan Siroker,"How Obama Raised $60 Million by Running a Simple Experiment",Optimizely Blog,2010.
https://blog.optimizely.com/2010/11/29/how-obama-raised-60-million-by-running-a-simple-experiment/

図8-1　4つのボタン

正解は、2つめの「LEARN MORE（詳細はこちら）」でした。他の画像との組み合わせも調整した結果、ある特定の組み合わせは11.6%のサインアップ率を記録し、元のWebサイトの8.6%と比べて、40.6%も上昇していました。

Amazonの事例を見てみましょう。2012年12月のWIREDの記事[8-2]によると、Amazonの元エンジニア、グレッグ・リンデンは、「衝動買い」の機能を作ったものの、社内で相手にされなかったそうです。

これに憤慨したリンデンは、A ／ Bテストを実施しました。すると、結果は明白で、この機能の導入は明らかにAmazonの収益を向上させるものでした。

これは、データ民主主義の好例ではないでしょうか？　**たった1人の開発者が行った結果が、あらゆる上司のマネジメントを不要にしてしまう可能性があるのです。**

8-2 ： BRIAN CHRISTIAN「A ／ Bテストがビジネスルールを変えていく（あるいは、ぼくらの人生すらも?）」WIRED、2012年。
https://wired.jp/2012/12/29/abtest_vol5-2/

勘はあてにならない？　テストしよう！

先ほど紹介したダン・シロカーは、オバマ大統領の選挙戦でもっとも印象深い出来事として、以下の例を挙げています。

「スタッフ全員が気に入っていたキャンペーン動画を（何といっても、政治家の演説ですから）、画像と比較するためにテストしてみたところ、他のどの画像よりも結果が悪かった」というのです。

自分たちの直感に反する結果を受け入れ、とにかくテストするという文化を作り上げたチーム・オバマは、大統領選挙で6億4,000万ドルもの献金（その多くが小口献金）を集めました。

私たちの直感がいかにあてにならないものなのかは、様々な実験によりすでに実証されています。

たとえば、心理学者ダニエル・カーネマンは著書『ファスト＆スロー』の中で、以下のような例を挙げています[8-3]。

近所の人がスティーブのことを次のように描写しました。「スティーブはとても内気で引っ込み思案だ。いつも頼りにはなるが、基本的に他人には関心がなく、現実の世界にも興味が無いらしい。物静かでやさしく、秩序や整理整頓を好み、こまかいことにこだわる」。さて、スティーブは図書館司書でしょうか、それとも農家の人でしょうか？

8-3 ： ダニエル カーネマン（著）、村井章子（翻訳）『ファスト&スロー』早川書房、2014年

もちろん、多くの人にとって容易に導き出される結論は、「図書館司書」でしょう。彼に関する特徴の全ては図書館司書であることを示しています。

しかし、この文章は、もう1つの重要な統計的事実を無視しています。アメリカにおいて、図書館司書は農家従事者の20分の1しかいないのです。つまり、スティーブがいかに内気で引っ込み思案であろうと、彼が図書館司書である可能性よりも、はるかに農家である確率のほうが高いのです。

このように、私たちは一見重要そうな物事に飛びつき、それが本質的に重要であるかについては思いをめぐらさないことが多いです。

また、マーケティングの世界においても、私たちは驚くほど顧客のことを知らない（そして顧客自身も自分のことを理解しているわけではない）のです。

Part 2で述べたとおり、マーケティングを行うためにはボトムアップのチームを作り、まず試してみる、という文化を作ることが重要であることがおわかりいただけるのではないでしょうか。

8-2 正しいデータを選択しよう

データ分析において、もっとも重要なことは「どのような結果が出るか」ではありません。「何を分析すべきなのか?」ということです。ここでは、いかにして正しいデータを分析するか? について考えていきます。

選手を買うのではなく勝利を買う

2011年の映画『マネー・ボール』では、ブラット・ピット演じるメジャーリーグベースボールの敏腕GM、ビリー・ビーンに、イェール大学出身の統計スタッフがこう語りかけるシーンがあります。

> あなたのゴールは、勝利を買うことであるべきです。選手を買うことであってはいけません。

非常に示唆に富んだ言葉です。

ビリー・ビーンと統計スタッフの功績は、打率や打点、盗塁数、あるいは勝利数などの、昔から野球において「正しい」と信じられていた指標を疑い、「本当に勝利に結びつく指標は何なのか?」という問いを立てたことにあります。

彼らが着目したのは、出塁率でした。足が遅くても、打率がそれほど高くなくても、出塁率が高い打者が揃っているチームは、統計的に勝利に結びつきやすいことがわかったからです。

ビリーの率いるチームが少ない予算で劇的な勝利を勝ち取り続ける

と、次第に新しい統計手法が採用されるようになりました。現代のメジャーリーグでは打率や打点ではなく、より複雑で、統計的に有意な勝利に結びつく指標が採用されるようになっています。

より多くヒットを打った。より多く点を稼いだ。ホームランを打った。これらは、いかにもわかりやすい指標です。直感的には、私たちは何が勝利に結びつくかを充分に理解しているように思えます。しかし、直感的に正しいことが統計的に正しいとは限りません。

分析に必要な指標は何か

次のような例があるとしましょう。

3つの媒体に広告を出稿しました。アクセスした人数だけを見れば、媒体Aが圧倒的に顧客から見られているように見えるでしょう。しかし、購入している人数で見ると、他の媒体の方が圧倒的に効率がいいことがわかります（図8-2）。

図8-2 媒体ごとの段階的コンバージョンの例

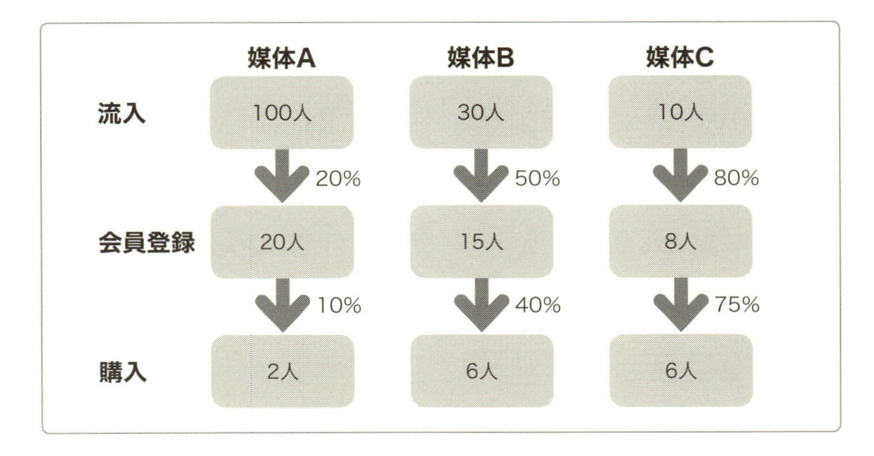

一見、多くの人がアクセスしていれば「当然購入金額も増えるに違いない」と思ってしまいます。しかし実際は、その指標はあくまで1つのチェックポイントであり、本当に重要なのは購入者であることがわかります。

単純なアクセス数で広告の成果を測ってしまえば、この広告は大失敗するでしょう。

どのポイントにKPIを置くか、ということこそ、分析においてもっとも重要なポイントと言えます。

KPI／Key Performance Indicator

目標達成のために鍵となる数値・数値目標のことを指します。「2017年のKPIは1人あたりの顧客単価だ」などと用います。KPIが複数あるケースも多いです。

最終的に購入するかどうかをKPIに置いた場合、それ以外の数値はあくまで目標達成のために通る1つの要素に過ぎません。

より深い指標で計測する（LTV／ROI）

さらに考えれば、購入だけでは不充分なこともわかります。広告の効果は決して一度だけで終わるものではありません。

たとえば、飲食店が30万円でインターネット上に広告を出稿したとします。

この広告を見て、50人が来店したとします。これが、獲得顧客数です。

1人あたりの顧客単価が5,000円だとします。掛け合わせると25万円。これが売上になります。

30万円投入して25万円のリターンでは、広告効果が見合っていないように見えます。しかしながら、本来マーケティングは、一度だけで完結するものではありません。一度来た顧客が再度来店したり、ファンになってくれる可能性も充分にあるからです。

仮に、その顧客が生涯に平均で1.5回来店するとすれば、未来にわたっての売上は、1人あたり「5,000円×1.5」で7,500円となります。

これを、LTV（ライフタイムバリュー）と呼びます。

LTV ／ライフタイムバリュー

顧客生涯価値。1人の顧客が、そのサービスに対して生涯に与えうる価値。生涯全てを計測することは難しいため、5年LTV／10年LTVなどと時期を区切るケースが多いです。

顧客数と掛け合わせると、37万5,000円。これが広告によって獲得した、総合の価値になります（図8-3）。

図8-3 LTVを計測する

それでは、再度広告の効果を計算してみましょう。

総合のリターンが37万5,000円、投入したのが30万円ですから、ROI（費用対効果）は125%となります。この広告自体は、投資した予算よりも獲得した価値が大きいということになります。

このように、適切に顧客のLTVを計測することができれば、広告が実際の収益にどの程度のインパクトを与えるかを正確に測ることができます。

フリークエンシー（購入頻度）で考える

もう1つ、分析で重要な概念は購入頻度です。先の例では来店回数という平均の数値を出しましたが、可能であれば、図8-4、図8-5のように購入回数ごとの転換率を確認することで、どこにボトルネックがあるのか、と確認することをおすすめします。なお、F1とは1回目の購入、F2は2回目の購入を指します。

図8-4　顧客の購入頻度

	F1	F2	F3	F4	F5
顧客A	○	○	○	○	○
顧客B	○	×	×	×	×
顧客C	○	×	×	×	×
顧客D	○	×	×	×	×
顧客E	○	○	○	×	×

図8-5　転換率

	F2	F3	F4	F5
転換率	40%	100%	50%	100%

とりわけ、重要だと言われるのがF2（購入2回目の）転換率です。一般的に、2回目に購入した顧客は、それ以降も購入する可能性が高いと言われています。

1人あたりの購入回数が増えていけば、顧客のLTVは劇的に増加するので、F2転換率はLTV増加のためには重要な指標となります。

どの指標にポテンシャルがあるかを考える

先ほどの例で言うなら、獲得価値には3つの指標があります。獲得顧客数と、1人あたりの顧客単価、来店回数。それぞれは基本的には独立した指標と呼べるでしょう。

では、いったいどれがもっとも上げやすいでしょうか？　獲得顧客数を上げるには、広告の予算を上げたり、獲得コストを下げて費用の中で効果を上げるという方法があります。

顧客単価を上げるには、広告のターゲティングをより正確にするという方法もありますし、メニューの見直しやセットメニューの導入なども必要かもしれません。来店回数を増やすには、メールマガジンやSNSなどで顧客とのつながりを築くことも必要かもしれません。

重要なのは、競合と比較したとき、あるいはビジネスモデルを検討したとき、どの指標にポテンシャルがあるか？（競合と比べて低く、まだ上げられるのか？）を考えることです。

基準値を作る

広告分析を行う場合、基準値が必要です。たとえば、コンバージョン単価について考えてみてください。単価が1万円の商品なら、コンバージョン単価が2,000円でも利益が出るかもしれませんが、1,000円の商品ならもっと下げなくてはいけません。

どのような数値であれ、基準値が必要です。クリック率やコンバージョン率も、事前に競合調査などを使って一定の基準値を作りましょう。

数値を細かくする（チャンクダウン）

ある広告キャンペーンのコンバージョン単価が1,000円から1,500円に悪化した場合を考えてみましょう。原因を特定するには、まず指標を分解してみます（図8-6）。

図8-6　指標の因数分解

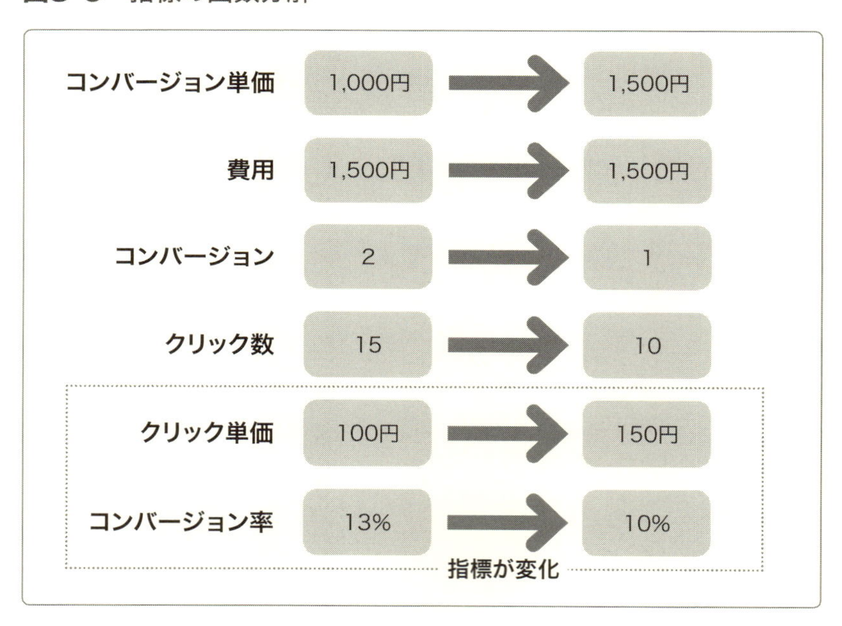

費用は変わっていません。コンバージョンは減っています。

原因の1つは、クリック数が減ったことにあるようです。さらに深く確認すると、費用が変わっていないにもかかわらず1クリックあたりの単価が上昇しています。

もう1つの原因は、1クリックあたりのコンバージョン率が減少していることです。

さらに深掘りし、リスティング広告であればキーワードごとや検索クエリごと、ディスプレイ広告であれば配信面ごとに分解して考えることもできます。

問題を細かく分解していくことで、原因を特定することが可能になります。

コンバージョン単価は下がれば下がるほどよい？

「獲得コストは下がれば下がるほどよい」という、よくある誤解があります。広告であれば、コンバージョン単価やCPI（インストール単価）です。

これは、もちろんある意味で正しい解釈です。獲得コストが下がれば利益が上がるという事実から導き出されているのでしょう。しかし、よく考えてみると、コストを下げることが、必ずしもマーケティングの判断として正しいとは限りません。

たとえば、以下のような例を考えてみましょう。広告Aは、1人の顧客を獲得するのに4,000円のコストをかけています。広告Bはその半分の2,000円です。

顧客単価はどちらも変わりません。となると、1人あたりの利益は、広告Aでは1,000円、広告Bでは3,000円。なんと3倍もの差があります。

しかし、実は広告Aは、広告Bの5倍もの顧客を集めていました。その結果、総合の利益額は、広告Aの5万円に対して広告Bが3万円と、2万円も広告Aのほうが高くなりました（図8-7）。

図8-7　広告別の利益額

	獲得顧客数	顧客単価	獲得コスト	利益額
広告A	50人	5,000円	4,000円	50,000円
広告B	10人	5,000円	2,000円	30,000円

必要なことは、獲得コストを下げることばかりではありません。大枠で見たときの利益が増えるためには、多少の獲得コストを許容することが大事なのです。

もちろん、コストを下げることは同じ予算の中でより多くの広告を出せるという面もあるのですが、獲得コストを下げれば下げるほど、出稿できる「面」が細ってしまうということが多いのです。

これは、「広告を使うべきか」という問題にも関わってきます。広告だけがデジタル・マーケティングではない、ということは再三お伝えしてきたとおりですが、かといって無料のツールだけを使えばよいというわけでもありません。総合的に見て利益の上昇に寄与するのであれば、躊躇せずに予算を投下することも必要なのです。

『マネー・ボール』にならって言えば、こうなるでしょう。

> あなたのゴールは、収益を最大化することであるべきです。コンバージョン単価を下げることであってはいけません。

8-3

Google Analyticsの分析

「顧客が増えた」「コンバージョンが増えた」そんなとき、いったいどこを確認すればよいのでしょうか？　8-3では、Google Analyticsを使って分析する手法を紹介します。

アナリティクス分析の基本❶ —— 期間で比較する

Google Analyticsでは、時系列での比較分析が可能です。先週との比較、先月との比較、前年との比較など、様々な期間で比較してみましょう（図8-8 ～図8-12）。

期間で比較する場合、問題は正確な比較にならないことが多いということです。たとえば、法人向けの事業であれば、土日はほとんどアクセスがないケースもあります。このような場合は、曜日を合わせないとなかなか上手くいきません。

同じように、月末や月初、あるいは年度末に伸びる業種であれば、それらの変動要因に合わせた分析が必要になります。

図8-8　期間ごとの比較

	メリット	デメリット
前週比（7日比較）	曜日による変動に強い	データ量が少ない
30日比較	日数が長く取れる	
前月比	月初・月末の変動に強い	日数が違うためグラフが揃いづらい
前年比	季節性の変動に強い	長いスパンのため施策の効果検証に向かない

図8-9　前週比（7日比較）

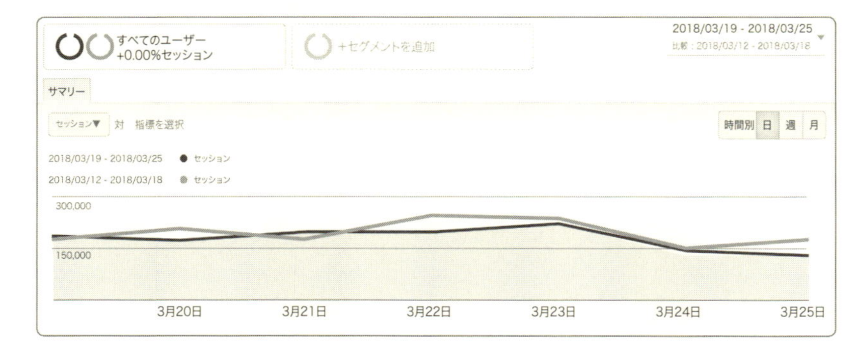

図8-10　30日比

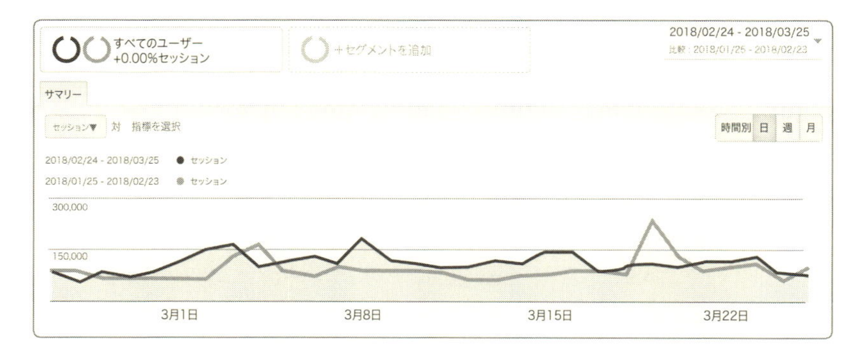

図8-11　前月比

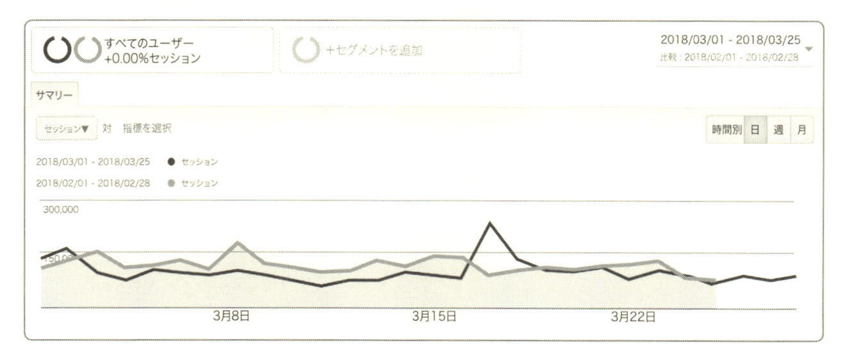

図8-12　前年比

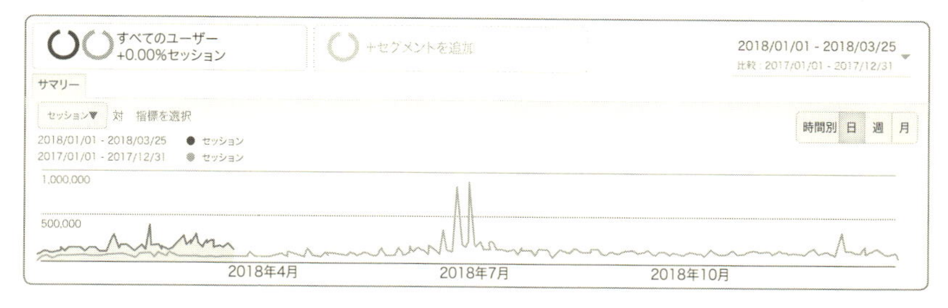

それぞれのグラフを見比べてください。問題を特定したり、ある施策の成否を決めるなら、より短期のグラフのほうがよいかもしれませんが、全体的に上手くいっているかどうか？　について調べるなら長い期間のほうがよいでしょう。

アナリティクス分析の基本❷ ――トラフィックで比較する

たとえば、図8-13のようにある特定の日以降にトラフィックが増加している（減少している）とします。この場合、セグメント機能を使って、トラフィックごとに分類することで原因を特定できるケースがあります。

図8-13　セグメント機能

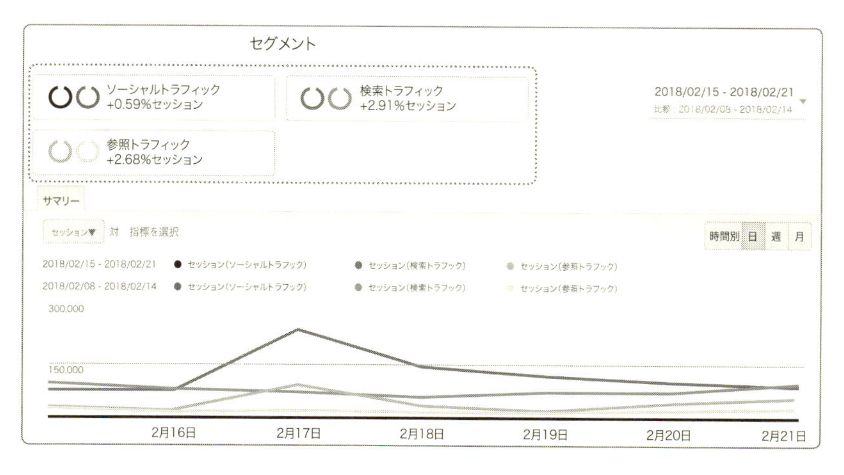

たとえば、「検索トラフィックだけが増加しているのか」「参照トラフィックやソーシャルトラフィックだけが増加しているのか」など。

また、検索の中でどのキーワードが増加しているのか、参照トラフィックの中でどのリンクからの流入が多いかなど、細かく特定することも重要です。

急激な変化があった場合は、特定のトラフィックに起因することも多いです。その原因を知ることで、再現可能なものなのかを判断することもできます。

アナリティクス分析の基本❸ ―― ユーザー属性で比較する

ユーザー属性に関して、いくつか比較できるものがあります。

新規ユーザー／リピーター

新規ユーザーとリピーターで何か違いはあるでしょうか？ログインのあるサービスであれば、ログインユーザーとの比較もできるでしょう。

新規ユーザーのみが増加している場合、外部要因が理由であるケースが多いはずです。

スマートフォン（iOS ／ Android）／ PC ／タブレット

デバイスによる違いはあるでしょうか。たとえばスマートフォンのみで増加しているケース、PCのみ増加しているケースなど、特定のモバイル端末のみ変動がある場合、何らかの原因があるはずです。

直帰ユーザー ／ 非直帰ユーザー

直帰ユーザーと非直帰ユーザーの違いも見てみましょう。たとえば、直帰率が上がったケースで非直帰ユーザーの滞在時間が変化していない場合、ランディングページやトップページに問題がある可能性があります。

デモグラフィックデータ

年齢、性別、地域など、デモグラフィックデータでも分類は可能です。たとえば、特定の地域にのみ放映されたテレビ・ラジオ番組の影響でトラフィックが増加するということもありますし、若年層であれば春休みや夏休みなどの影響もあります。

アナリティクス分析の基本❹ —— コンテンツで比較する

トップページが変動しているケースと、特定のページのみ変動しているケースで原因が変わります。特定のページのみ拡散されているケースもあるでしょうし、何らかの理由で商品やページ自体が話題になり、トップページが増加しているケースもあるでしょう。

また、検索トラフィックだけが上昇しているケースなどでも、特定のページのみが増加しているケースが考えられます。

アナリティクス分析の基本❺ —— コンバージョンとアトリビューション

アナリティクス上でのゴール（コンバージョン）設定は、様々な設定が可能です。たとえば、特定のページの閲覧や、リンクのクリック、フォームの送信や通話の開始などもゴールに設定することができます。

さらに、あらゆる流入を記録しているため、広告だけではない、全ての流入の貢献を測ることができます。

広告のコンバージョンについて述べた際に、ラストクリックコンバージョンとファーストクリックコンバージョンについて説明しました。

アトリビューションとは、ユーザーのラストクリックコンバージョンだけではなく、その途中でユーザーと接触した全ての媒体の間接効果を適切に評価しよう、という分析の試みです（図8-14、図8-15）。

図8-14 アトリビューション

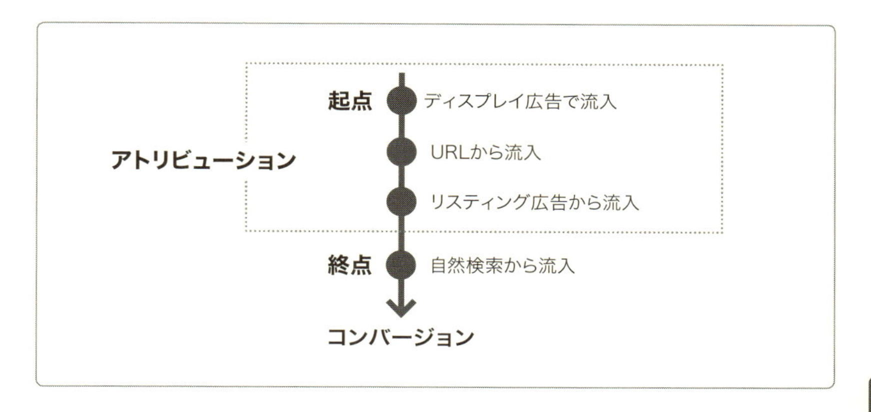

図8-15 コンバージョンモデル

終点	ラストクリックコンバージョンと同義。 最後の接点に価値を置く
最後の間接クリック	コンバージョンを記録する 最後の接点の前の接点に価値を置く
Google広告の ラストクリック	コンバージョンを記録する前の クリックに価値を置く
起点	コンバージョンを記録した ユーザーの最初の接点に価値を置く
減衰	コンバージョンに近い接点に より高い価値を置き、少しずつ減衰していく
接点ベース	カスタマイズできる接点だが、デフォルトでは 起点と終点に価値を置くモデルになっている

アナリティクス分析の基本❻ —— まとめてみる

トラフィックの増減やコンバージョンの増減については様々な要因があります。

- □ **特定の日時／曜日**
- □ **デバイス**
- □ **トラフィックソース**
- □ **新規／リピーター**
- □ **デモグラフィック**
- □ **特定のコンテンツ／ページ**

とりわけ、急激に増減した場合、特定の理由や要因があることがほとんどでしょう。

重要なことは、何か変化があったときに「なぜか変わった」で終わらせないことです。きちんと原因を突き止め、分解していくことが必要です。

よりよい分析のために❶ —— データ量を増やす／トライアル期間を作る

世論調査をするときに、周りにいる数人の意見を聞いても正しい結果は出ません。当然、統計的に必要な標本量（データ量）を確保しなければいけません。

広告に関していえば、スタートして数千円使っただけで「これは効果が出ない」と決めつけてしまうのは早計です。

無尽蔵に広告費を使うわけにはいきませんが、一定のデータ量が貯まるまでは、小さな改善からはじめてみるほうがよいでしょう。

また、一定期間は予算を抑えた「トライアル」として、テストデータを集めてみる期間とするのも効果的です。その上で、実際に大きく広告を打つかどうかを決めるのです。

よりよい分析のために❷――統計的アプローチを学ぶ >

統計は、エッセンスだけでも学んでおくと便利です。

次に紹介する2つの分析手法は、Excelなど表計算ソフトでも実行可能です。

相関分析

相関分析とは、ある変数とある変数の間に関係性があるかどうかを判定する分析手法です。相関係数と呼ばれる数値で判定することができます。

たとえば、商品の値段を変えたときにどのように売上値が変わったか？　などについて、相関分析を行えば、正（負）の相関があるかどうかを確認することができます。

注意したいことは、相関分析は決して因果関係を証明するものではないということです。たとえば、1年間の読書量と年収に相関があったとしても、それは「本を読めば年収が上がる」のではなく「年収が高い人は自由に使えるお金が多いため、本を買うことができる」のかもしれません。

このように、隠れた変数によってまるで相関があるように見えることを擬似相関と呼びます。

回帰分析

回帰分析とは、ある変数（説明変数）を使って、他の変数を予測するための関数（被説明変数）を作るための分析手法です。

わかりやすい例を言いましょう。被説明変数が野球の得点数だとします。このとき、ヒットとホームランと盗塁数（説明変数）を使って、得点を予測するのが回帰分析です。

たとえば、「（ホームラン×2）＋ヒット＋（盗塁÷4）」というような式が回帰式です。また、Webサイトのクリックとページビューを使って回帰式が作れるかもしれません。

よりよい分析のために❸ —— 収集データを増やす

観測できないデータは分析もできません。

より多くのデータを収集することは必要条件です。

正確な分析ができるように環境を整えることも必要です。

たとえば、ホームページや広告に独自の電話番号を使ったり、オフラインの売上をコンバージョンに組み込んだり、手法を工夫することで、今まで取れなかったデータを収集することはできないでしょうか。

あとがき

ピーター・F・ドラッカーの名著『マネジメント』に、このような記述があります。

> 未来は予見できない。ある程度予測できるという人がいたならば、今日の新聞を見せ、10年前にどれを予測できたかを聞けばよい。戦略計画が必要となるのは、まさにわれわれが未来を予測できないからである。

> 起業家的な世界とは、自然物理ではなく人間社会の世界である。実際のところ、企業が利益によって報われる唯一の貢献、すなわち起業家的な貢献とは、経済、社会、政治の状況を変えるイノベーション、真にユニークな出来事を起こすことである。

マーケティングも、ドラッカーが言う「起業家的な貢献」に似ているかもしれません。マーケティングは、単なる購買のためのプロセスというだけではないのです。

例えば、食文化について考えてみましょう。

世界に目を向けると、生の魚を食べる習慣がなかった国でも、今では多くの日本食レストランが軒を連ねています。

今では「当たり前」になった製品や習慣も、よくよく調べてみれば、人や企業の様々な努力によって普及してきたのです。

マーケティングが文化を生みだしてきたといっても過言ではありません。

振り返れば、東京は高度成長期に爆発的な勢いで拡大し続け、昔ながらの都市部でだけではなく、新興住宅地を多数生み出しました。

マイホームやマイカーなどの言葉も生まれ、新興の都市はそれぞれ、都市のイメージや、そこに住む家族のイメージをマーケティングで生み出しました。

とすると、東京という都市そのものが、マーケティングの上に構築された都市である、といっても過言ではないのではないでしょうか。

世界は不可逆的に変わり続け、その変化のスピードはますます早くなっています。このような時代において、最先端のマーケティングに関われるということはとても楽しく、エキサイティングなことです。

マーケティング、いや、デジタル・マーケティングに限ったとしても、その言葉が指す領域はとても広く、そして近年さらに広がりつつあります。

顧客があなたの商品をInstagramで見つけてGoogleで検索してAmazonで購入した場合、一体どこまでがデジタル・マーケティングと呼べるのか、と考え込んでしまうかもしれません。

加えてその後、商品に不満があってメールで問い合わせ、さらにその不満をTwitterに書き込んで炎上し……となると、購入したあとも、マーケティングは終わりません。
　先に述べたとおり、すべての人がマーケターである、という世界が近づいているのはご理解いただけるでしょうか。
　こう言い換えることもできます。すべての人がマーケターであると同時に、どんなに素晴らしいマーケターであったとしても、我々はあくまでその一部分を理解しているに過ぎません。つまり、コミュニケーションの重要性がさらに増していくのです。

　本書はそのような時代の中で、よりスムーズなコミュニケーションが行えるよう、体系的に様々な知識を整理したつもりです。
　もちろんこれが全てではありませんが、網羅的、かつより深く本質的に理解していただく、という点において、新しい試みができたのではないか、と自負しております。

　ここまでお読みいただき、本当にありがとうございました。
　デジタル・マーケティングは、移り変わりの早い分野です。常に情報を更新しておくことをおすすめします。
　下記に、いくつかのニュースサイトをお伝えします。

unyoo.jp（http://unyoo.jp）
アタラ合同会社が運用しており、広告運用に関する情報が多数掲載されています。

ferret（https://ferret-plus.com）
株式会社ベーシックが運用しており、幅広くマーケティングに関する情報が掲載されています。

アナグラムのブログ（https://anagrams.jp/blog/）
広告運用代理店のアナグラム株式会社が運用しており、初心者でもわかりやすく、丁寧に広告運用について説明されています。

アクセス解析ツール「人工知能AIアナリスト」ブログ（https://wacul-ai.com/blog/）
株式会社Waculが運用しており、Google アナリティクスに関する記事が充実しています。

Marketing Land（https://marketingland.com）
すべて英語の記事になりますが、最新の知見を含め、マーケティング関連の情報量が非常に多いニュースサイトです。

eMarketer（https://www.emarketer.com）
様々なマーケティングに関するリサーチが掲載されています。こちらもすべて英語です。

本書の中でわからない点やより深く聞いてみたい点などがございましたら、Twitter（@yumaendo）でご質問ください。

また、ブログ版のエッセンシャル・デジタル・マーケティング（https://www.essentialdigitalmarketing.com）でも、本書をより短くまとめた記事をいくつか掲載しています。こちらもご参照いただければ幸いです。

索引

ABC順

ア行

カ行

サ行

タ行

ナ 行

ハ 行

マ 行

ヤ 行

ラ 行

著者紹介

遠藤 結万（えんどう・ゆうま）

京都府京都市出身。早稲田大学卒業。
グーグル株式会社（現 グーグル合同会社）に入社し、広告営業本部に所属。東京オフィスにて、中小企業向け広告コンサルティングとアジア太平洋地域の分析を担当する。在籍時にはAPAC Innovation Gold Awardを受賞。
退社後にマーケティングを事業領域とするsparcc株式会社を設立し、広告運用の自動化ツールの開発のほか、東証一部上場企業のインハウス化から海外企業の日本進出、ベンチャー企業の戦略設計まで、様々なクライアントに対してソリューションを提供する。

エッセンシャル・デジタル・マーケティング公式ブログ：
https://www.essentialdigitalmarketing.com
Twitter：https://twitter.com/yumaendo

世界基準で学べる
エッセンシャル・
デジタルマーケティング

2018年 9 月28日　初版　第1刷発行
2018年 11月22日　初版　第2刷発行

著　者　遠藤 結万
発行者　片岡 巌
発行所　株式会社技術評論社
東京都新宿区市谷左内町21-13
電話　03-3513-6150　販売促進部
03-3513-6166　書籍編集部
印刷／製本　日経印刷株式会社

定価はカバーに表示してあります。

ISBN978-4-297-10054-4 C3055
Printed in Japan

カバーデザイン
TYPEFACE
本文デザイン+レイアウト
矢野のり子+島津デザイン事務所
イラスト
中山成子

本書の内容に関するご質問は封書もしくはFAXでお願いいたします。弊社のウェブサイト上にも質問用のフォームを用意しております。

〒162-0846
東京都新宿区市谷左内町21-13
(株)技術評論社　書籍編集部
『エッセンシャル・デジタルマーケティング』質問係
FAX…03-3513-6183
Web…https://gihyo.jp/book/2018/978-4-297-10054-4